黄土高原三川河流域产汇流特性变化研究

姜乃迁　荆新爱　李皓冰　王国庆　著

黄河水利出版社
·郑州·

内 容 提 要

本书系统研究和论述了黄土高原三川河流域产汇流特性的变化。在对流域内长期以来水土保持治理措施调查的基础上，分析了不同时期流域下垫面、降水及产汇流特性；研究了水土保持措施和气候条件变化对产汇流特性和规律的影响；评价了水土保持措施在不同雨强、雨频条件下对径流、洪水的影响，提出了流域产汇流变化规律及变化趋势。

本书可供从事相关领域研究、规划、管理、设计和治理的专业技术人员、教师和学生阅读与参考。

图书在版编目(CIP)数据

黄土高原三川河流域产汇流特性变化研究/姜乃迁等著. —郑州：黄河水利出版社，2017. 11

ISBN 978-7-5509-1916-7

Ⅰ. ①黄… Ⅱ. ①姜… Ⅲ. ①黄土高原-三川河流域-含沙水流-流动特性-研究 Ⅳ. ①TV131.3

中国版本图书馆 CIP 数据核字(2017)第 305459 号

组稿编辑：岳晓娟　电话：0371-66020903　E-mail：2250150882@qq.com

出 版 社：黄河水利出版社　网址：www.yrcp.com
地址：河南省郑州市顺河路黄委会综合楼 14 层　邮政编码：450003
发行单位：黄河水利出版社
发行部电话：0371-66026940、66020550、66028024、66022620(传真)
E-mail：hhslcbs@126.com
承印单位：虎彩印艺股份有限公司
开本：890 mm×1 240 mm　1/32
印张：8.125
字数：204 千字
版次：2017 年 11 月第 1 版　印次：2017 年 11 月第 1 次印刷

定价：49.00 元

前　言

黄河问题的根源就在于水少、沙多,水沙关系不协调。黄土高原长期以来水土流失严重,生态环境恶劣,这是限制区域经济发展的症结所在。因此,在黄河中游地区开展水土保持工作是改善区域生态、促进地方经济及社会发展的根本途径。近年来,大规模的流域水土保持较大程度上改变了流域下垫面条件,对流域的产流产沙特性及水沙状况产生了重大影响。客观评价流域水土保持的蓄水拦沙作用、分析水沙变化的原因是流域生态环境建设规划的基础,对于合理开发利用流域水土资源、促进区域社会经济发展等具有重要意义。

三川河流域产汇流特性变化的研究对水资源短缺的黄河中游地区来讲具有典型的代表意义,对流域规划治理、水资源分析评价以及洪水预报、防洪减灾等都具有实用价值,对学科的发展也具有推动作用。

本书以黄土高原典型支流三川河为对象进行特例解剖,通过对流域内水土保持治理措施的实地调查,分析了流域下垫面条件、降水及产汇流特性;研究了水土保持措施和气候条件变化对产汇流特性和规律的影响;定量评价了水土保持措施在不同雨强、雨频条件下对径流、洪水的影响,提出了流域产汇流变化规律及变化趋势。

金艳、秦大庸、周祖昊等对本书研究成果有重大贡献。

由于作者水平有限，书中尚有不妥之处，敬请读者朋友批评指正。

作　者

2017 年 10 月

目　录

第1章　绪　论

1.1　研究背景和意义

黄土高原是我国重要的能源、化工和农业基地,在西部大开发进程中具有重要的战略地位;受干旱气候的影响,黄土高原水土流失严重,生态环境恶劣。20 世纪 70 年代以来,黄土高原开展了大规模的水土保持工作,在一定程度上改变了流域下垫面条件,使产汇流特性发生了较大变化,对产沙的影响更为显著;特别是进入 90 年代以来,黄土高原主要支流产流量较五六十年代显著减少,并且洪水次数、洪峰量级也均有不同程度的减小或降低,对流域水资源利用和生态环境建设等方面产生了直接影响。因此,研究黄土高原产汇流特性的变化对流域治理规划、水资源分析评价以及洪水预报、防洪减灾等方面都具有重要意义。

三川河流域位于黄河中游河龙区间中段左岸,发源于山西省方山县东北赤坚岭,在柳林县上庄村注入黄河,河长 176 km,流域面积 4 161 km^2,其中水土流失面积 2 769 km^2,约占流域面积的 67%。流域设置 3 个水文站,30 个雨量站,其中 2 个站点进行蒸发量观测。

该流域从 20 世纪 50 年代开始开展水土保持工作,1983 年被列为国家重点治理支流以来,治理速度大大加快。截至 1991 年,累计治理面积 1 377 万 hm^2,占水土流失面积的 49.7%;修建淤地坝 3 140 座,中型水库 2 座(陈家湾、吴城),小(1)型水库 2 座,小

(2)型水库 5 座,总库容达 3 504 万 m^3。

由于受气候变化和人类活动的影响,使流域产汇流特性发生了很大变化,20 世纪 70 年代之前年均径流量为 3.234 亿 m^3,七八十年代年均径流量较之前分别减少 23.5% 和 41%。从年内变化来看,汛期、非汛期径流都在大量减少,汛期减少比例大于非汛期减少比例。

三川河流域产汇流特性的这些变化是什么原因造成的?人类活动和气候变化(特别是降水)对三川河流域产汇流有何影响?未来变化趋势怎样?这些都需要深刻揭示三川河流域的产汇流特性的基本规律。

很显然,三川河流域产汇流变化特性的研究对水资源短缺的黄河中游地区来讲,具有典型代表意义,不仅对流域规划治理、水资源分析评价及洪水预报、防洪减灾等有实用价值,而且对这一学科发展也具有推动作用。

1.2 三川河流域水沙变化研究现状

水土流失是黄河生态环境恶劣、限制区域经济发展的症结,黄河中游水土保持是改善区域生态、促进地方经济及社会发展的根本途径。近年来,大规模的流域水土保持较大程度上改变了流域下垫面条件,对流域水沙状况产生重大影响。客观评价流域水土保持的蓄水拦沙作用、分析水沙变化原因是流域生态环境建设规划的基础,对于合理开发利用流域水土资源、促进区域社会经济发展等具有重要意义。

为客观揭示黄河中游水沙变化规律,自 20 世纪 80 年代以来,在国家自然科学基金项目“黄河流域环境演变与水沙运行规律研究”,黄河水土保持科研基金项目“黄河中游多沙粗沙区水土保持减水减沙效益及水沙变化趋势研究”,黄河水沙变化研究基金项目“三川河水沙变化原因分析及发展趋势预测”“不同降水条件下河口镇至龙门区间水利水土保持工程减水减沙作用分析”“河龙区间水土保持减水减沙作用分析”，国家“八五”重点攻关项目专题“黄河中游多沙粗沙区水沙变化原因及发展趋势”等项目中相继开展了该方面的相关研究。三川河流域是黄河中游国家重点投资治理的流域，根据以往的相关研究，对三川河流域水沙评价模型、水土保持的减水减沙效益评价等相关研究进行综述，以期为本书研究提供科学支撑。

1.2.1 三川河流域水沙评价模型研究

目前，流域水沙变化评价方法大致可划分为以下三种类型：水文模拟法、水土保持计算法和相似比拟法。计算机技术的快速发展使越来越多的学者更青睐于水文模拟法，近 10 年来，已经提出了不少的水土保持效益评价模型，用于分析流域水沙变化原因。

采用水文模拟途径分析流域水沙变化，首先要利用天然实测资料建立流域水文模型，其次以该模型延展人类活动影响期间的天然水沙过程，最后通过计算的天然水沙量与实测资料的对比，进而评价水土保持等人类活动对流域水沙的影响。因此，采用水文模拟途径的关键是建立合格的流域水文模型。

三川河流域在 1970 年以前水土保持措施较少，因此在以往的研究中常把 1970 年以前视为“天然状态”，利用该时期的水文气象资料建立水沙评价数学模型。在近些年的一些科研工作中建立的三川河流域水沙变化模型如下：

(1)由黄河水土保持科研基金项目资助，于一鸣等基于年均、汛期、枯期降水量，降水指标与年径流量、年泥沙量的相关分析，建立了年径流量、泥沙量的估算公式：

$$R = 0.003\ 77P_{年}^{1.061}(P_{枯}/P_{汛})^{0.048}$$

$$W_S = 2\ 766.93K^{2.527} \tag{1-1}$$

式中 R、W_S——年径流量、年泥沙量；

$P_{年}$、$P_{汛}$、$P_{枯}$——流域年均、汛期、枯期降水量；

K——降水指标。

公式相关系数均在0.8以上。

(2)在国家自然科学基金重大项目"黄河流域环境演变与水沙运行规律"的研究中，熊贵枢等建立的水沙计算公式如下：

$$W_W = \alpha_1 P_1 + \alpha_2 P_2 + \cdots + \alpha_m P_m$$

$$W_S = \beta_1 P_1 + \beta_2 P_2 + \cdots + \beta_m P_m \tag{1-2}$$

式中 $\alpha_1, \alpha_2, \cdots, \alpha_m$——分级降水径流系数；

$\beta_1, \beta_2, \cdots, \beta_m$——分级降水产沙系数；

$P_1, P_2, \cdots, P_m$——分级日降水量；

W_W、W_S——径流量、泥沙量。

验算结果表明，计算值与实测值非常接近。

(3)王广仁等认为径流由地表径流和地下径流构成，且地下径流与前期降水量有关，于是引入前期流域吸水量参数，对汛期、非汛期径流量和汛期泥沙量分别进行估算，公式如下：

$$W_{10-5} = k \cdot P_{10-5}^{0.575}$$

$$W_{D(6-9)} = 1.35 \times 10^{-6} P_{6-9}^{2.31}$$

$$W_{B(6-9)} = 658 \times 10^{-4} \sum_{10}^{5} Q_i \tag{1-3}$$

$$W_{S(6-9)} = 168\ 8 W_{D(6-9)}^{0.93} \left[\frac{P_{(7+8)\geqslant 2}}{P_{(6+9)\geqslant 2}}\right]^{0.46}$$

$$h_a = \left(P_{6-9} - 10^5 \times \frac{W_{6-9}}{A}\right) \tag{1-4}$$

式中 W_{10-5}、P_{10-5}——10月至次年5月径流量、降水量；

$W_{D(6-9)}$、$W_{B(6-9)}$、$W_{S(6-9)}$ 和 P_{6-9}——汛期地表径流量、地

下径流量、泥沙量和降水量；

$P_{(7+8)\geqslant 2}$——7、8 月大于等于 2 mm 的日降水量之和；

$P_{(6+9)\geqslant 2}$——6、9 月大于等于 2 mm 的日降水量之和；

A——流域面积；

k——系数，当 $h_a \leqslant 310$ 时，$k = 5.2\times 10^{-2}$，当 $h_a > 310$ 时，$k = 3.05\times 10^{-7} h_a^{2.1}$。

公式相关系数高达 0.9 以上。

(4)赵文林等取汛期有效降水量 P_e 及 7 月、8 月有效降水强度 I_e 作为主要参数，建立了汛期产沙量、产流量计算公式：

$$W_S = 0.587 P_e^{0.61} I_e^{1.76}$$

$$W = 5.7\times 10^{-5} P_e^{1.09} I_e^{1.34} \quad (1\text{-}5)$$

式中 W、W_S——汛期产流量、产沙量。

公式相关系数均在 0.95 以上。

(5)徐建华等分析了年特征降水指标与流域年产流量、产沙量之间的关系，公式如下：

$$W_a = 708.614\,[0.303 P_{30}^{1.88} + 0.265\,(P_f - P_{30})^{10.89} + 0.432 P_a]^{0.43} \quad (1\text{-}6)$$

$$W_{Sa} = 0.036\,5[0.76 P_1 + 0.19(P_{30} - P_1) + 0.14(P_f - P_{30}) + 0.02(P_a - P_f)]^{2.457} \quad (1\text{-}7)$$

式中 P_1、P_{30}——最大日降水量、最大 30 日降水量；

P_f、P_a——汛期、年降水量。

公式相关系数分别为 0.8 和 0.86。

(6)为克服资料序列短的弊病，李雪梅等将水土保持措施对水沙的影响视为降水的损失，提出了用降水附加损失系数来定量描述水土保持措施的作用，进而提出了考虑水土保持措施的混合模型：

$$\xi = \frac{\sum W_{mi} f_i + \sum V_{mi}}{F_{ls} \overline{P}} \tag{1-8}$$

$$W = -483.5 + 2.009\,4(1 - \xi_1) P_1 I_1 - 0.277\,5(1 - \xi_2) P_2 I_2 + 2.409\,9(1 - \xi_i) P_3 I_3 - 0.273\,1(1 - \xi_4) P_4 I_4$$

$$W_S = -1\,187.7 - 0.113\,2(1 - \xi_1) P_1 I_1 - 0.040\,4(1 - \xi_2) P_2 I_2 + 0.510\,3(1 - \xi_i) P_3 I_3 - 0.1952(1 - \xi_4) P_4 I_4$$

式中 f_i ——某项治坡措施面积；

W_{mi} ——某项治坡措施单位面积最大拦蓄径流量；

V_{mi} ——某项治沟措施当年剩余库容；

F_{ls} ——水土流失面积；

$\overline{P}$ ——某站多年平均年降水量；

P_1、P_2、P_3、P_4 ——某站汛期 5～10 月降水量；

I_1、I_2、I_3、I_4 ——某站 5～10 月的日均降水量。

应用流域 1957～1989 年的资料进行回归分析，相关系数分别为 0.8 和 0.67。

（7）冉大川等通过流量过程分割，分别建立了洪量与基流的估算公式，认为泥沙主要由洪水所挟带，在此基础上，建立了降水与洪沙的相关关系式为

$$W_H = 3.654 \times 10^{-3} P_{7-8}^{2.666\,5}$$

$$W_B = 21.68 P^{1.910\,4} P_Y^{-0.890\,3} \tag{1-9}$$

$$W_{HS} = 0.024\,8 P_{7-8}^{2.977\,8} P_a^{-0.759\,5} \tag{1-10}$$

式中 W_H、W_{HS} ——年洪水径流量与输沙量；

P_{7-8} ——7、8 月降水量；

P_Y ——年有效降水量；

P_a ——年降水量。

（8）在中国—加拿大科技合作项目“黄土高原土壤侵蚀规律研究”中，主要以三川河的支流王家沟流域为对象，采用野外试验

与实测水文气象资料分析相结合的途径，深入分析了降水、地形与坡面径流、土壤侵蚀的关系，研究了黄土表面结皮和犁底层形成、人工草地植被度等因素对产流产沙的影响，在此基础上建立了黄土丘陵沟壑区典型小流域侵蚀产沙过程模型。

可以看出，上述模型多是基于数理统计的经验模型，从模型参数率定及检验结果来看，均对天然水沙过程具有相当好的模拟效果，相关系数远大于临界水平。仅从这点来看，建立的模型应该都是适合于水沙变化分析的。

1.2.2 三川河流域水土保持的减水减沙效益

采用上述模型，计算了水土保持作用时期后大成站的天然水沙过程，基于计算结果与实测水沙的对比，分析了流域水土保持措施对水沙的影响，结果见表1-1。

表1-1 不同模型计算的三川河流域水土保持减水减沙效益结果对比

作者	项目	径流量（万 m^3）				泥沙量（万 t）			
		-1969	1970s	1980s	1990s	-1969	1970s	1980s	1990s
于一鸣等	实测值	32 316	24 760	19 090		3 685	1 831	964	
	计算值		27 690	28 550			2 887	2 588	
	减少量		2 930	9 460			1 056	1 624	
	百分比（%）		10.6	33.1			36.6	62.8	
熊贵枢等	实测值	(16 237)	10 393	6 773		3 074	1 931	976	
	计算值		15 192	10 935			3 853	2 178	
	减少量		4 799	4 162			1 922	1 202	
	百分比（%）		29.6	25.6			65.8	39.1	

续表 1-1

作者	项目	径流量(万 m^3)				泥沙量(万 t)			
		-1969	1970s	1980s	1990s	-1969	1970s	1980s	1990s
王广仁等	实测值	32 340	24 750	19 090		3 681	1 831	963	
	计算值		29 230	26 170			3 460	2 445	
	减少量		4 480	7 080			1 629	1 482	
	百分比(%)		15.3	27.1			47.1	60.6	
赵文林等	实测值	32 340	24 750	19 090	19 130	3 681	1 831	963	1 168
	计算值			23 830				2 403	
	减少量			4 740				1 440	
	百分比(%)			19.9				59.9	
徐建华等	减少量		3 600	4 740			980	1 440	
李雪梅等	减少量		2 502	3 582			453	624	
冉大川等	实测值	32 340	24 742	19 475	18 915	3 670	1 822	960	1 074
	计算值		28 414	25 459	26 784		3 305	2 124	3 629
	减少量		3 672	5 984	7 869		1 483	1 164	2 555
	百分比(%)		12.9	23.5	29.4		44.9	54.8	70.4

由表 1-1 可以看出,尽管不同模型对天然水沙均具有较好的模拟效果,但由不同模型计算的水土保持措施对水沙影响量差异较大,如在 1980～1989 年,水土保持措施对径流量的影响在3 582 万～9 460 万 m^3变化,差异在 2 倍以上,而对泥沙量影响的变化范围为 624 万～1 624 万 t,差异也大于 1 倍。尽管不同模型使用者所使用的资料尤其是降水资料或许存在差异,但这种差异应该是不足以引起如此悬殊的计算误差。因此,这种差异的形成或许是模型本身的原因所造成的,上述所建立的模型当属于统计模型,数值计算方法上业已证明了这类模型具有很高的内插精度,但同时

具有外延精度低、误差大的缺陷。表1-2中给出了三川河流域汛期、非汛期在不同阶段降水量特征值。

表1-2 三川河流域汛期、非汛期不同阶段降水量特征值

(单位:mm)

时间	1957~1969年		1970~1979年		1980~1989年	
	汛期	非汛期	汛期	非汛期	汛期	非汛期
最大值	535.2	250.3	538.9	159.0	559.6	212.7
出现最大值年份	1964	1961	1973	1975	1988	1983
最小值	164.2	111.7	261.9	93.2	272.5	80.5
出现最小值年份	1965	1960	1972	1979	1986	1981

由表1-2可以看出,在建模期间1957~1969年,汛期最大值为535.2 mm,均小于后两个阶段的汛期最大降水量;而在1970~1979年、1980~1989年非汛期最小值分别为93.2 mm、80.5 mm,也同样都小于建模期间的非汛期最小值111.7 mm。模型建立期间资料的代表性不足应该是导致影响量计算差异较大的主要原因。

与数理统计模型相比,具有物理基础的概念性水文模型还具有自身的优越性,即通过对水文现象内部规律模拟和模型参数外延的地域分布规律,可以解决经验模型原则上无法解决的高水外延和无资料地区的水文计算问题。目前,全球范围内已经提出了数以百计的概念性流域水文模型。针对不同气候区,国内方面自1970年以来相继提出了如新安江模型、河海大学产流产沙模型(HUM)、清华大学产流产沙模型(THUM)、黄委月水量平衡模型(MWBM)等,有些已经在黄河流域的某些典型支流得到了初步应用。在国外比较知名且应用较广泛的有水箱模型(TANK)、径流综合和水库调节模型(SSARR)、萨克拉门托模型(SRFCH)、侵蚀生产力影响计算模型(EPICM)、EUEOSEM 模型、ANSWERS 模型、LISEM 模型等。其中,EUEOSEM 模型和 ANSWERS 模型等将一个流域划分为若干小的计算单元,进行水沙的区域拆分整合模拟,是具有物理基础的分布式水文模型;LISEM 模型则和 GIS 技术更紧密地结合起来用于水文过程模拟。尽管这些模型已经在国内外多个流域进行了验证,并取得了较好的效果,但限于黄土高原水土流失的复杂性,这些模型很难直接应用于黄土高原水土流失的模拟计算。因此,加强具有物理基础的概念性水文模型开发或引入应用检验是很有必要的。

第 2 章　三川河流域概况

2.1　三川河流域位置与范围

三川河是晋西汇入黄河北干流左岸诸多支流中的第二大支流，流域面积 4 161 km^2。三川河由北川河、东川河、南川河三大支流汇集而成（见图 2-1），自北向南流经方山、离石、中阳、柳林四县（区），在石西乡上庄村注入黄河。全流域位于东经 110.7°～111.4°，北纬 37.1°～38.1°，全长 176.4 km，入黄河口高程为 624 m（以黄海海平面为基准）。

北川河为三川河的干流，发源于山西省吕梁山北段西麓方山县东北的赤坚岭，流经方山县城。北川河全长 95 km，流域面积 1 855.7 km^2，河床比降 0.7%。上段多为土石山区，河谷宽 100～150 m，下段为黄土丘陵沟壑区，河道宽 1 000～2 000 m。

东川河由大东川、小东川两个源头组成，二者在车家湾汇合，由东向西流经田家会，在离石区注入三川河左岸。其中偏北方向的为小东川，发源于吕梁山脉骨脊山，呈东北西南流向，长 32 km，流域面积为 414.3 km^2，河床比降 2.6%，河谷宽 800～1 200 m；偏南的为大东川，发源于吕梁山西麓的神林山沟，经吴城镇，呈东南西北走向，长 44 km，流域面积 537.5 km^2，河床比降 1.15%，河谷宽 1 000 m。东川河上游为土石山区，中下游为黄土丘陵沟壑区。

南川河发源于吕梁山西麓，山西省中阳县刘家坪乡凤尾村界牌岭，以北偏西方向流经中阳县城，在区交口镇汇入三川河，河长 60.4 km，流域面积 825 km^2，河床比降 1.0%～1.6%，上游为石质

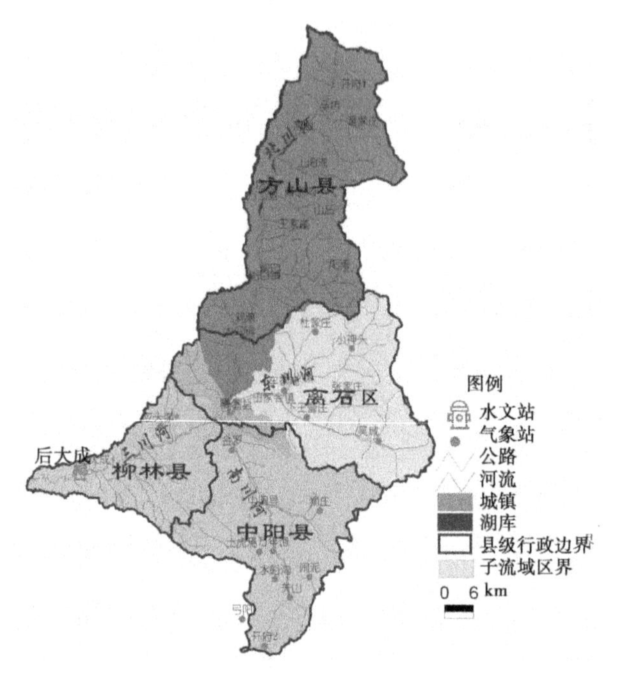

图 2-1　三川河流域水系与主要水文站

山林、中游为黄土丘陵沟壑区。

三川河干流可分为上、中、下游三段：由河源至圪洞镇（方山县城所在地）为上游，河道长 49 km，比降 8‰，河谷较窄，川峡相间。圪洞镇至离石区为中游，河道长 52 km，比降 4.7‰，河谷开阔，川地平坦，地理条件较好，为当地农业的生产基地。离石区以下为下游，流向转为由东北向西南流，河道长 75 km，比降 3.8‰，且下游区的河道变化较大，离石区至交口镇之间河谷较宽；交口镇以下至柳林县城河谷较窄，河道曲折，耕地较少；柳林县城以下至后大成水文站间河谷又变得开阔，河谷宽均为 800 m 左右；后大成以下为峡谷段，河道弯曲，水流湍急。北川河、东川河和南川河特殊的地理位置和地貌特征构成了空间变异性较大的三川河流域。

三川河有 3 个水文站:北川圪洞站,控制面积 749 km^2;南川陈家湾站,控制面积 308 km^2;干流出口后大成站,控制面积 4 102 km^2。

2.2 地形与地貌特征

三川河位于黄土高原区,地形地貌较为复杂。按地形地貌的主要特征,可分为土石山区、河谷川地区、黄土丘陵沟壑区三个类型区。此三种地形构造呈现出一种由北向南倾斜的走势。

土石山区,主要分布于三川河河源区的吕梁山区,面积为 1 854 km^2,占全流域面积的 44.6%;此区域地势较高,海拔多在 1 800 m以上,植被良好,水土流失轻微。河谷川地区,即干支流沿岸川地,面积 521 km^2,占全流域面积的 12.5%;此区域由于水利条件较好,大多已发展成灌区,是当地农业的高产区。黄土丘陵沟壑区,即介于上述两个区域之间的地带,面积为 1 786 km^2,占全流域面积的 42.9%;此区丘陵起伏,黄土覆盖层厚 50 m 左右,沟壑纵横,植被稀少,水土流失严重,区内旱灾频繁,农业生产水平低下,是三川河流域洪水泥沙的主要来源区。

根据全流域的侵蚀地貌类型,三川河流域又可被集中概括为 4 种地貌单元,即剥蚀中山地貌,侵蚀构造低于中山地貌,侵蚀剥蚀梁峁状丘陵和侵蚀堆积河川阶地。以下为各种地貌的具体流域位置:

(1)剥蚀中山地貌:主要分布在流域北部,即北起方山关帝山、山顶山,南到中阳八军山以东的山地,海拔 1 800 m 以上。以缓慢的构造运动和强烈的风化侵蚀作用为主,岩石裸露,为花岗岩入侵体,由变质岩及厚层石灰岩等组成。

(2)侵蚀构造低于中山地貌:分布在马头山、薛公岭、雪岭山一带,为高山峰尖间的鞍部山脊或低孤峰,海拔 1 300 ~ 1 900 m,

多为石灰岩分布，水系发育，切割强烈，多呈“V”字形河谷。山头多为浑圆形，山坡呈阶梯状，山坡大部分覆盖厚度不等的残积坡积物，局部地区有黄土覆盖。

(3)侵蚀剥蚀梁峁状丘陵：包括北川河、东川河、南川河中下游及干流的大片黄土覆盖区，海拔 650 ~ 1 300 m，侵蚀严重，大片塬地被切割得支离破碎，形成典型的黄土丘陵沟壑景观，中部为梁峁状丘陵，西部呈现峁状丘陵，此外还有残塬、梁地、峁地、黄土台坪等地貌形态。

(4)侵蚀堆积河川阶地：分布于河流宽谷中，主要以河漫滩、堆积阶地和冲积洪积扇的形势出现。

2.3 土壤类型与分布

三川河流域土壤类型主要为山地棕壤、褐土、灰褐土、草甸土。其中，山地棕壤集中分布于方山县骨脊山、离石区云顶山和中阳县上顶山等海拔在 1 800 ~ 2 200 m 的土石山区；褐土分布于海拔 1 600 ~ 1 850 m 的土石山区；灰褐土是本流域主要的土壤，分布于海拔 1 000 ~ 1 900 m 的各类型区；草甸土分布于川地和阶地，土壤质地多为沙壤土。三川河流域土壤类型分布见图 2-2。

流域水土流失面积 2 769 km^2，约占流域面积的 67%。以 1957 ~ 1969 年近似代表天然状态，取输移比为 1，根据后大成站输沙量计算，流域平均侵蚀模数为 8 973 t/(km^2 · a)。

流域内有三种土壤侵蚀类型区，即土石山轻度侵蚀区、黄土丘陵强烈侵蚀区和河川区。

(1)土石山轻度侵蚀区。

土石山轻度侵蚀区分布在流域东部吕梁山中段和关帝山，即北川河上中游东部、东川河上游和南川河中阳以上，面积 1 940 km^2，占流域面积的 46.6%。该区植被茂密、覆盖度高，岩性为混

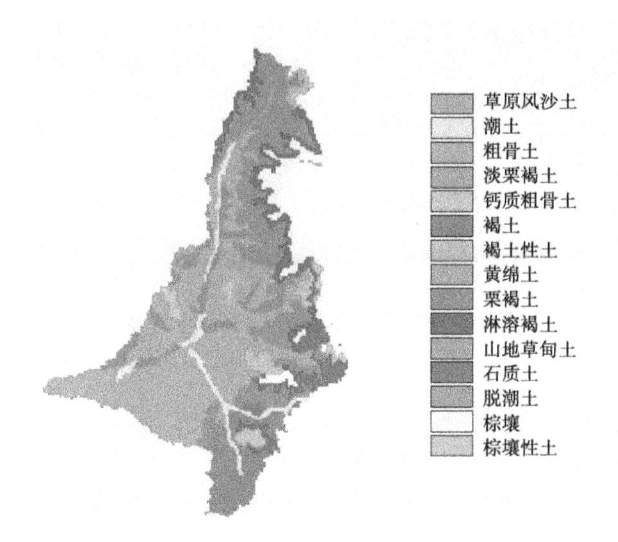

图 2-2　三川河流域土壤类型分布

合岩和变质岩,土壤侵蚀较轻。根据北川圪洞站 1960～1969 年、南川陈家湾站 1957～1980 年年均沙量计算,圪洞站以上侵蚀模数为 1 949 t/(km^2·a),陈家湾站以上侵蚀模数为 357 t/(km^2·a),这两个区域面积加权平均侵蚀模数为 1 485 t/(km^2·a)。

(2)黄土丘陵强烈侵蚀区。

黄土丘陵强烈侵蚀区主要分布在流域中部和西部,面积为 2 067 km^2,占流域面积的 49.7%。根据土壤侵蚀程度,该区可分为以下 6 个亚区。

河谷阶地区:主要分布在北川河、东川河、南川河和干流的两侧,面积 327.67 km^2,沟壑密度为 5.6 km/km^2,侵蚀模数约为 10 000 t/(km^2·a)。

峁梁状强烈侵蚀区:主要分布在东川河红眼川,南川河张子山、吴家峁、下枣林、吴家庄,面积 183.67 km^2,沟壑密度 6.3 km/km^2,侵蚀模数为 10 000～12 000 t/(km^2·a)。

峁状强烈侵蚀区：主要分布在北川河韩家山、石钻头、东洼，三川河下游高家沟、石西、贾家垣、吉家塔，面积 442.93 km^2。该区多为峁状丘陵，在分水岭部位出现少数残塬地貌，沟壑密度 6.9 km/km^2，侵蚀模数为 13 000 ~ 15 000 $t/(km^2 \cdot a)$。

宽峁梁状极强烈侵蚀区：主要分布在三川河下游的龙门垣、庄上、杨家峪、陈家湾等地，面积 443.2 km^2，大部分为宽峁梁状，山体呈高大宽厚的锥形梁峁状丘陵沟壑地貌，沟道发育较强，沟道底部有红土出露，沟壑密度 6.9 km/km^2，侵蚀模数为 12 000 ~ 14 000 $t/(km^2 \cdot a)$。

残峁梁状剧烈侵蚀区：主要分布在北川河的店坪、大武、西属巴、王家沟，东川河的田家会，南川河的金罗、苏村、张家山，面积 540.13 km^2，大部分为残碎的梁峁状地貌，细沟侵蚀特别发育，切割密度大，沟沿以下多出露红土，泻溜严重，沟壑密度 6.7 km/km^2，侵蚀模数为 17 000 ~ 20 000 $t/(km^2 \cdot a)$。

易滑坡剧烈侵蚀区：主要分布在东川河的阳坡，南川河的金罗，三川河下游的贾家垣、龙门垣，面积 129.33 km^2，沟壑密度 8.2 km/km^2，侵蚀模数为 16 000 ~ 20 000 $t/(km^2 \cdot a)$。

(3)河川区。

河川区分布在沿河两岸阶地，面积 154 km^2，土壤侵蚀极轻微，侵蚀模数为 800 $t/(km^2 \cdot a)$。

2.4 植被状况

三川河流域植被覆盖率低，且自东南至西北逐步递减，由乔灌植被向草灌植被转化，直至北部鄂尔多斯荒漠植被。尽管如此，全流域的林草地覆盖率较其他植被的盖度大，占流域面积的 39.8%；其中林地为 1 387.07 km^2，覆盖率为 33.4%，主要包括天然林地和人工林地两种类型，占地分别为 666.4 km^2 和 720.67

km^2;草地覆盖率为6.4%,约269.27 km^2,且以天然草地为主。天然草地主要分布在吕梁山脉森林线以下的山坡地带及梁峁地带、农耕地边缘和植被较好的土石山区。

总之,三川河流域的植被覆盖率较区,大量的地面裸露使土壤失去了有效保护及对水的调节作用,水土流失严重。

2.5 水文气象条件

三川河地处吕梁山的西南部,远离海洋,且有吕梁山、太行山作为屏障,大陆性气候特征明显。全流域年平均气温北部在5 ℃以下,南部为9 ℃,最高绝对气温35 ℃,最低绝对气温-30 ℃。全年无霜期北部90~150 d,南部较北部持续时间长,160~180 d。本区光热资源较为充足,由典型气象站点的统计结果(见表2-1)可见,太阳年辐射总量为130~140 kJ/cm^2,年日照时数为2 400~2 750 h。

表2-1 三川河流域各站气象要素值

站名	年太阳辐射总量(kJ/cm^2)	日照时数(h)	≥10 ℃	无霜期(d)	1月平均气温(℃)	7月平均气温(℃)
离石	131.7	2 592	3 118	156	-7.9	23.0
柳林	139.8	2 476	3 817	178	-6.1	24.3
方山	137.2	2 706	2 862	151	-9.5	21.2
中阳	137.5	2 726	2 933	142	-7.7	21.4

注:资料源于黄土丘陵区土地资源特征及其人口承载力初步研究。

根据实测资料统计,流域多年面降水量490.2 mm,汛期为355.3 mm,占全年的72.5%;非汛期为134.9 mm,全年的占27.5%。点雨量表现为从北向南多年平均降水量减少,上游大于下游的趋势。站点降水量的年际变化较小,变差系数 C_v 集中在

0.2～0.3，三川河典型雨量站降水量统计特征见表2-2。

表2-2 三川河典型雨量站降水量统计特征

站名	经度(°)	纬度(°)	多年平均降水量			变差系数 C_v	最大年降水量(mm)	最小年降水量(mm)	极值比
			全年(mm)	汛期(mm)	占年(%)				
圪洞	111.23	37.88	549.59	402.29	73.2	0.22	775.6	302.6	2.56
吴城	111.46	37.43	472.23	340.25	72.1	0.32	870.8	216.9	4.01
陈家湾	111.20	37.25	535.38	383.64	71.7	0.26	799.2	363.7	2.20
后大成	110.93	37.41	476.24	346.26	72.7	0.22	686.1	302.4	2.27

结合当地的气象条件可见，三川河流域蒸发能力较强，加之强烈的大陆季风，三川河流域的年蒸发量在1 700～1 980 mm，受气温、水汽饱和差、风速和地形等因素的影响，时空变化较大。从地理分布来看，其变化趋势呈现由南向北递增，自西向东递减；在年内分配上，夏季气温高蒸发量大，冬季气温低蒸发量小，5～8月的蒸发量占年蒸发量的50%以上，最大月蒸发量出现在5月，可占年蒸发量的15%左右。

2.6 社会经济及水土保持工程情况

2.6.1 社会经济情况

三川河流域总人口43.18万人，人口自然增长率一直较快，尤其是20世纪80年代后期，虽然政府已采取了严格的控制措施，但人口增长率还是居高不下，且绝大多数为农业人口，占全流域总人口的90%以上。然而，全流域用于农业的土地较少，仅为1 294 km^2，占总土地面积的31.1%，人均耕地面积仅为0.35 hm^2，且由于强烈的侵蚀作用使耕地的分布极不均匀，再加上众多沟壑的分割，耕地呈现出破碎而分散的分布特征，这对农业活动极为不利。三川河流域内的耕作土壤多分布在侵蚀过程中不断退化而直接发育在黄土母质上的黄绵土上，地面坡度较大，除极少的川地、坝地外，肥力均较低。据80年代初土壤普查可知，离石区耕作层土壤有机质含量仅为0.5%，与生黄土有机质含量相近；全氮为0.05%，比生黄土还低；速效氮为0.005%，略高于生黄土。在此土壤条件下，据山西农业区划所的研究，三川河流域主要农作物的基本产出相对较低，农业发展较慢。

在工业上，由于三川河流域矿藏资源丰富，本区域的煤炭和重化工业较为发达。主要矿藏品种有煤、铁、石棉、铝矾土、硫黄、石膏等。特别是柳林的煤，地质结构简单，煤层平缓，煤质好，低灰、低硫、强黏结、易洗选，为全国稀有的优质焦煤，享誉国内外市场。

2.6.2 水土保持工程情况

2.6.2.1 20世纪60年代水土保持措施简况

表2-3为三川河流域50、60年代新增水土保持措施量。此外，1958年还在南川河支流上建成控制面积309 km²，总库容937万m³的陈家湾水库。

表2-3 三川河流域20世纪50、60年代新增水土保持措施量

（单位：hm²）

年代	基本农田			造林	种草	合计
	梯田	坝地	滩地			
50年代	1 333.5	157.1	21.2	483.7	151.8	2 147.3
60年代	4 285.1	178.9	17.4	595.3	301.2	5 377.9
合计	5 618.6	336.0	38.6	1 079.0	453.0	7 525.2

2.6.2.2 20世纪70年代以来流域治理情况

三川河流域与黄河中游其他多沙支流一样，从20世纪70年代起开展了大规模的水土保持综合治理，1983 年起又被列为国家八片重点之一的水土保持治理区。为了客观地了解流域水土保持措施量的变化情况，以下根据该流域被列为全国重点治理区之后，经国家组织正式验收的 1983 ~ 1997 年统计数字及修正后的相关资料，统计列出了各年代新增水土保持措施量。

由表 2-4 不难看出，各年代的新增水土保持措施量均比 20 世纪 60 年代显著增多，其中以营造水土保持林面积最甚，增长 100 倍；其次是滩地和种草，80 年代较 60 年代分别增长 49 倍和 15.5 倍，90 年代分别增长了 79 倍和 13.7 倍；虽然新增梯田面积 80 年代较 70 年代有一定减少，但 90 年代又有较大幅度的提高。

对于列淤地坝数量，虽然无法与 20 世纪 60 年代相比，但就 80 年代、90 年代对比 70 年代的变化来看，新增数量分别增长 23.8% 和 38.8%，足以说明变化得明显。此外，1972 年 10 月在东川河支流上游建成控制面积 220 km^2，总库容 1 850 万 m^3 的吴城水库；1973 年 10 月在北川河支流上游建成控制面积 47.5km^2，总库容 500 万 m^3 的南阳沟水库。

表 2-4　三川河流域各年代新增水土保持措施量

年代	基本农田(万 hm^2)			造林(万 hm^2)	种草(万 hm^2)	合计(万 hm^2)	淤地坝(座)
	梯田	坝地	滩地				
70 年代	1.287	0.106	0.066	1.682	0.095	3.236	2 402
70 年代较 60 年代增长(%)	200.3	492.5	3 693.1	2 725.5	215.4	501.5	
80 年代	0.865	0.155	0.087	6.437	0.498	8.042	2973
80 年代较 60 年代增长(%)	101.9	766.4	4 900.0	10 713.0	1 553.4	1 395.4	

续表 2-4

年代	基本农田(万 hm^2)			造林(万 hm^2)	种草(万 hm^2)	合计(万 hm^2)	淤地坝(座)
	梯田	坝地	滩地				
90 年代	2.697	0.07	0.139	11.379	0.441	14.726	3 334
90 年代较60 年代增长(%)	529.5	291.2	7 883.8	19 014.2	1 365.5	2 638.3	

注:1. 淤地坝70 年代、80 年代、90 年代的数量分别为至 1983 年、1989 年和 1997 年的累计量;80 年代较 60 年代的增长栏中所列数据为至 1989 年累计量较至 1983 年的累计量的增长百分率。

2. 90 年代统计年限为 1990 ~ 1997 年。

第3章　三川河流域降水及其变化特征

降水、径流是区域水资源形成的两大基础。本章主要研究三川河流域降水的时间(年内、年际变化)、空间(分北川河、东川河、南川河及三川河干流区四大流域片)分布特性以及暴雨的统计特征等方面的内容。

本书研究采用的降水资料为1957～2000年44年的系列资料，共包括20个雨量站和4个气象站点。24个水文气象站点在全流域的分布情况见图2-1。由图2-1可见，雨量站的空间分布极不均匀，且各测站仅能确定出流域的点雨量。因此，为分析区域降水量的变化规律，本书研究采用面雨量进行分析。为从流域空间角度分析降水量的情况，首先进行降水量的空间插值和面雨量计算。

3.1　降水量的空间插值和面雨量的计算方法

目前关于降水量空间插值方法的研究很多，根据考虑因素的不同，把插值方法分成两类。第一类是仅考虑平面位置影响的二维空间插值方法，主要包括比较典型的泰森(Thiessen)多边形法、三角剖分线性插值法、网格雨量法、距离平方反比法(RDS)、分组面积－方位加权平均法(GAAWM)、距离方向加权平均法、Kriging方法和趋势面法等。第二类是既考虑平面位置又考虑高程影响的三维空间插值方法，常见的方法有修正距离平方反比法和梯度距离平方反比法，等等。上述各种方法都有其自身的优缺点，没有绝对最优的空间插值方法。其根本原因就是插值要素的复杂性、随机性及灰色性，因此必须对影响插值要素的物理机制，以及已有数据的实际特点（如时空分布等），进行空间搜索分析，选择最优的插值方法。

在选择插值方法时，精度是首先需要考虑的因素，然而计算效率也不能忽视。因此，针对三川河流域空间特性和数据资料的具体情况，同时考虑尽量避免采用计算量特别大的方法。以下重点分析比较了泰森多边形法、距离平方反比法和修正距离平方反比法。泰森多边形法是一种基本的插值方法，主要用来作为基础方案；后两种方法概念清楚，计算简单，考虑降水空间趋势性，作为重点比较备选方案。后两种方法一种不考虑高程影响，另一种考虑高程影响，可以用来比较在当前的资料条件下，进行流域降水空间展布考虑高程因素和不考虑高程因素的差别。

(1)泰森多边形法。

泰森多边形法是一种广泛使用的空间插值方法，该方法一般需要手工绘制泰森多边形，以每个多边形所包含的雨量站点的降水量值作为该区域内各点的降水量值，其实质是平面上每个点取距离最近的站点的实测值。如果用计算机实现，可以先把研究区域划分为网格，计算每个站点与该网格中心的距离，取最近的雨量站点的观测值作为该网格的降水量。

(2)距离平方反比法。

距离平方反比法首先假设待估点的降水量可以用它周围的一些雨量站插值得到，同时假设待估点的降水量和雨量站点的降水量大小成正比，与雨量站点的距离成反比，然后根据此假设，计算待估点的降水量。待估点的降水量估计值可以表示为

$$P = \sum_{i \in I_R} P_i \frac{1/d_i^n}{\sum_i 1/d_i^n} \tag{3-1}$$

式中 P——待估点的降水量；

P_i——雨量站的降水量；

d_i——雨量站到待估点的距离；

I_R——用来插值的雨量站点集合；

n——权重系数，一般取 2，这就是距离平方反比法，如果取 0，为算术平均法。

(3)修正距离平方反比法。

距离平方反比法是一种二维插值方法，考虑到高程对降水量有一定的影响，采用高程进行修正，计算公式为

$$P = \sum_{i \in I_R} P_i \frac{(Z - Z_i)^2/d_i^2}{\sum_i (Z - Z_i)^2/d_i^2} \tag{3-2}$$

式中 Z——待估点的高程；

Z_i——雨量站的高程。

其他符号意义同前。

3.2 参证站点的选取和考虑相关系数的综合插值方法

泰森多边形法的参证站为最近的一个站点，然而距离平方反比法和修正距离平方反比法都需要选择一定的站点作为参证站。目前，选择站点的方法一般有两种：一是固定参证站点个数 m，即选择离待估点最近的 m 个站点进行插值；二是固定距离 D，即选择离待估站点距离小于 D 的站点作为参证站。

由于本次收集的三川河流域雨量站空间分布不均,如果采用第一类选择站点的方法,对于雨量站点分布密集的地方,可选择的站点离待估点很近,插值效果很好;而对于雨量站点分布稀疏的地方,可选择的参证站离待估点很远,插值效果很难保证。如果采用第二类选择站点的方法,对于雨量站点分布密集的地方,可能有很多站点都会入选,而对于雨量站点分布稀疏的地方,可能得到的站点很少,甚至一个站点也没有。由于站点分布的不均匀性,采用固定个数或距离的方式选取参证站是不可取的,需要采取一种比较灵活的、有弹性的方法。

不管采用什么插值方法,都希望参证站的降水量和待估点的降水量相关性比较好,二者的相关系数可以用来判断空间各点之间雨量相关性的好坏,在本书研究中作者把它作为选取参证站点的指标。但是对于站点比较稀疏或者影响降水的因素特别复杂的地方,可能某个站点和其他所有站点的相关系数都小于该阈值,这样就没有相关站点了。对于这种情况,采用任何方法效果都不会好,为便于计算,同时考虑三川河流域特殊的地形特征,本书采用距离平方反比法进行全流域面雨量计算。

3.3 三川河流域降水量的变化

由 1957 ~ 2000 年系列的统计结果可见,全流域多年平均降水量为 20.50 亿 m^3,折合水深为 490.19 mm。北川河多年平均降水量最大,为 8.30 亿 m^3,折合水深 502.49 mm;三川河干流区降水最少,仅为 3.55 亿 m^3,折合水深 473.48 mm。三川河流域多年平均降水量统计特征(1957 ~ 2005 年)见表 3-1。

为确定流域不同保证率的降水量,在计算统计参数时,均值统一采用算术平均值,适线时不做调整;C_v 值先用矩阵法计算,再用适线法调整确定;适线时照顾大部分点据,主要按平、枯水年份的点据趋势定线,对系列中特大、特小值不做处理。44 年同期逐年降水量系列统计计算成果显示,偏丰水年(相应频率 $P=20\%$)三川河流域降水量为 624.63 mm,比多年平均降水量增加 27.4%;枯水年(相应频率 $P=75\%$)三川河流域降水量为 396.54 mm,比多年平均降水量减小 19.1%;特枯水年(相应频率 $P=95\%$)三川河流域降水量为 321.15 mm,比多年平均降水量小 34.5%,计算成果见表 3-1。

表 3-1　三川河流域多年平均降水量统计特征(1957~2000 年)

三川河流域分区	控制面积	多年平均降水量		不同频率年降水量(mm)			
	(万 km^2)	(mm)	(亿 m^3)	20%	50%	75%	95%
北川河	0.165	502.49	8.30	611.29	480.85	399.21	325.89
东川河	0.096	494.14	4.74	628.48	481.90	415.39	300.92
南川河	0.080	486.52	3.89	605.95	468.36	389.88	330.14
三川河干流区	0.075	473.48	3.55	581.24	454.38	379.84	270.76
全流域	0.416	490.19	20.50	624.63	458.92	396.54	321.15

3.3.1　年内分配变化特征

三川河地处黄河流域,受西风副热带大气环流系统的影响,流域内降水量的年内变化极不均匀。由三川河流域多年平均月降水量及其年降水量的百分比统计表(见表 3-2)中可以看出,该区的降水量在年内分配上存在以下几个特点:

(1)全流域 44 年时段内年降水量的 70%~80% 集中于汛期,汛期降水量占全年降水量的 72.48%,且 7~8 月的降水量最大。

表 3-2　三川河流域多年平均降水量年内分配

区域	时段（年）	各月降水量占全年的比例（%）												汛期（%）
		1月	2月	3月	4月	5月	6月	7月	8月	9月	10月	11月	12月	
全流域	1957～2000	0.71	1.24	2.84	5.04	7.78	11.61	24.43	22.92	13.52	6.50	2.66	0.74	72.48
	1957～1969	0.81	1.11	3.02	5.56	9.01	8.53	27.26	19.76	15.32	6.65	2.79	0.47	70.57
	1970～1979	0.74	1.82	2.17	4.35	4.60	11.54	24.37	27.70	12.81	6.39	2.28	1.20	76.42
	1980～1989	0.46	1.02	2.61	3.80	10.31	17.37	20.99	20.16	14.07	6.31	2.14	0.76	72.59
	1990～2000	0.80	1.04	3.56	6.32	6.62	10.16	23.91	26.03	10.91	6.61	3.44	0.60	71.01
北川河	1957～2000	0.72	1.20	2.67	4.83	7.80	12.48	24.90	22.44	13.68	6.01	2.61	0.65	73.50
	1957～1969	0.82	1.11	2.45	5.68	8.88	9.23	26.56	20.28	15.50	6.19	2.93	0.37	71.56
	1970～1979	0.81	1.61	2.22	4.54	4.51	12.43	24.60	27.33	12.50	6.07	2.38	0.98	76.86
	1980～1989	0.40	1.14	2.72	3.55	10.26	18.12	21.35	18.51	14.83	6.25	2.10	0.74	72.81
	1990～2000	0.83	0.93	3.45	5.26	6.94	11.26	26.63	24.90	10.83	5.39	2.94	0.64	73.62
东川河	1957～2000	0.71	1.16	2.88	5.02	7.49	11.51	24.16	22.64	13.11	6.23	2.69	0.70	71.42
	1957～1969	0.82	1.09	2.93	5.53	8.96	8.95	27.52	19.40	15.37	6.35	2.62	0.45	72.71
	1970～1979	0.79	1.67	2.10	4.16	4.54	11.58	23.37	28.56	13.08	6.57	2.34	1.14	76.60
	1980～1989	0.43	1.07	2.59	3.59	10.21	17.63	20.67	20.29	14.02	6.25	2.45	0.80	72.61
	1990～2000	0.80	0.95	4.12	7.01	6.12	9.77	25.47	25.51	9.91	6.18	3.59	0.58	70.66

续表 3-2

区域	时段(年)	各月份降水量占全年的比例(%)												汛期(%)
		1月	2月	3月	4月	5月	6月	7月	8月	9月	10月	11月	12月	
南川河	1957 ~ 2000	0.71	1.32	3.06	5.28	7.75	11.23	24.23	22.85	13.44	6.62	2.70	0.79	71.75
	1957 ~ 1969	0.81	1.12	3.30	5.43	9.12	8.20	27.58	19.14	15.16	6.86	2.74	0.54	70.08
	1970 ~ 1979	0.67	2.05	2.19	4.40	4.59	11.15	23.55	27.83	12.98	6.91	2.31	1.34	75.52
	1980 ~ 1989	0.49	0.94	2.47	4.00	10.68	17.14	20.71	20.82	13.48	6.42	2.09	0.75	72.15
	1990 ~ 2000	0.85	1.23	4.26	7.41	6.02	9.59	23.66	25.17	11.29	6.17	3.73	0.61	69.71
三川河干流	1957 ~ 2000	0.63	1.07	2.77	5.49	7.74	11.49	23.38	23.57	13.59	6.80	2.87	0.58	72.04
	1957 ~ 1969	0.74	0.91	2.98	5.55	9.23	8.31	27.19	18.86	15.57	7.19	3.11	0.35	69.93
	1970 ~ 1979	0.61	1.77	1.97	4.71	4.48	10.99	22.32	30.05	13.45	6.59	2.06	0.98	76.82
	1980 ~ 1989	0.43	0.73	2.27	4.05	10.21	17.64	20.55	20.92	14.06	6.21	2.34	0.58	73.16
	1990 ~ 2000	0.67	0.91	3.90	7.92	6.34	10.40	21.56	26.71	10.03	7.08	3.98	0.51	68.69

(2)降水的季节变化较大,夏季(6~8月)的降水量最大,降水量占全年的58.92%;秋季(9~11月)次之,夏秋季的降水量占全年的81.64%;冬季降水量较少,最小月降水量出现在1月和12月,不足多年平均降水量的0.8%(除全流域20世纪70年代12月)。

(3)最大月降水量与最小月降水量相差悬殊,最大月降水量出现在7月,占全年的24.43%,最小月降水量出现在1月和12月,占全年的比例不到1%,最大月降水量与最小月降水量之比达34.41。

(4)6~8月的降水量的多年变化幅度较小,12月降水量的多年变化幅度最大。

(5)不同时段、不同水资源分区降水量与全流域降水量表现出类似的年内分配特征。

3.3.2 三川河流域降水量的年际变化

随着年代的变化,气候和环境因素发生改变。在大气环流和其他环境因素的影响下,降水量表现出不同时段、不同年代间的差异。距平能够说明年际间的变化趋势。降水量变差系数C_v值的大小能够反映降水量年际变化特性,通常C_v值越大,表明该地区降水量的年际变化越大;反之,C_v值越小,则表明地区降水量的年际变化越小。因此,以下用距平和变差系数分析降水量的年际变化。

(1)全流域降水量的年际变化。

根据44年降水资料统计结果表明(见表3-3),全流域多年平均降水量为490.19 mm,变差系数为0.22,最大值为740.48 mm,出现于1964年;最小值为284.63 mm,出现于1965年。从年代变化来看:在20世纪70年代之前降水量较多年平均值偏大7.66%,而70~90年代则偏少,且90年代的减少量较大,距平百分比为

-8.83%。由此可见,三川河流域降水量70~90年代的30年内,降水量以-0.023的倾向率缓慢减少。由变差系数来看,降水量的年际变化在年代间的差异较小,基本维持在0.2~0.3。

表3-3 三川河全流域降水量年际变化

时段(年)	时期	时段平均值(mm)	距平(%)	变差系数 C_v	时期极值			
					最大值出现的年份	最大值(mm)	最小值出现的年份	最小值(mm)
1957~1969	汛期	372.44	4.82	0.31	1964	538.61	1965	149.13
	非汛期	155.31	15.15	0.21				
	全年	527.75	7.66	0.25	1964	740.48	1965	284.63
1970~1979	汛期	372.75	4.91	0.24	1973	518.51	1972	249.26
	非汛期	114.99	-14.75	0.18				
	全年	487.74	-0.50	0.21	1978	638.69	1972	344.58
1980~1989	汛期	353.59	-0.49	0.26	1988	559.43	1986	262.79
	非汛期	133.55	-0.99	0.33				
	全年	487.14	-0.62	0.18	1988	655.48	1986	373.84
1990~2000	汛期	317.35	-10.69	0.27	1990	421.00	1991	196.82
	非汛期	129.54	-3.96	0.31				
	全年	446.89	-8.83	0.19	1990	605.18	1997	321.15
1957~2000	汛期	355.31		0.28	1988	559.43	1965	149.13
	非汛期	134.88		0.28				
	全年	490.19		0.22	1964	740.48	1965	284.63

汛期降水量的年际变化特征:由表3-3可见,三川河流域汛期多年平均降水量为355.31 mm;变差系数 C_v 较全年略有增加,为0.28。年代间的变化表现为:20世纪80年代之前与多年平均相比偏大约5%,且60年代之前与70年代基本持平;90年代降水量偏少10.69%。这说明三川河流域44年来汛期降水量的年代变

化呈现出一种波浪式的演变趋势，即从1957年到1979年缓慢增加，80年代之后较快减少，但二者共同造成汛期降水量倾向率为-0.15。由不同年代降水量的变差系数可见，60年代之前，降水量的年际变化最大，而70年代、80年代的变化基本一致。比较不同年代全年和汛期降水量的变差系数 C_v 可见，汛期降水量的年际变化均大于全年的，且70年代的变化幅度最小。

非汛期降水量的年际变化：由表3-3可见，全流域非汛期多年平均降水量为134.88 mm，变差系数为0.28。年代间的变化表现为：在20世纪70年代之前降水量较多年平均值偏大15.15%；而70年代偏少，距平值表现为-14.75%；进入80年代非汛期降水量略有增加，但不十分明显，距平仍为负值；到90年代非汛期的降水量又呈现出下降，对应的距平值为-3.96%。但是44年非汛期降水量总体上呈下降趋势，倾向率为-0.24。由不同年代非汛期降水量的变差系数可见，非汛期降水量呈现出70年代之前年际变化最大，而70年代变化较小，八九十年代变化增大的总变化趋势。

比较全年、汛期和非汛期降水量的年际变化可见，非汛期降水量减少是造成全年降水量下降的主要原因；但汛期在年际变化内的较大变化则是造成全年降水量年际变化较大的主要因素。

(2)不同区域降水量的年际变化。

根据44年三川河流域不同子流域降水资料统计结果(见表3-4)，三川河流域内不同子流域的多年平均降水量与全流域的明显不同，北川河流域多年平均降水量比全流域平均值(490.19 mm)大12 mm；东川河、南川河的多年平均值与全流域基本相同；三川河干流区的多年平均值比全流域小17 mm。

表 3-4　三川河流域不同子流域降水量的年际变化

时段（年）	时期	北川河			东川河		
		时期平均值（mm）	距平（%）	变差系数	时期平均值（mm）	距平（%）	变差系数
1957 ~ 1969	汛期	388.80	5.27	0.31	379.19	5.66	0.32
	非汛期	154.46	16.04	0.24	153.06	13.28	0.23
	全年	543.26	8.12	0.26	532.25	7.74	0.26
1970 ~ 1979	汛期	382.06	3.44	0.24	366.68	2.17	0.25
	非汛期	114.95	-13.64	0.17	111.59	-17.42	0.18
	全年	497.01	-1.08	0.21	478.27	-3.19	0.21
1980 ~ 1989	汛期	370.15	0.22	0.29	350.95	-2.21	0.28
	非汛期	138.18	3.18	0.29	132.34	-2.06	0.33
	全年	508.33	1.17	0.20	483.29	-2.17	0.20
1990 ~ 2000	汛期	330.51	-10.51	0.25	332.65	-7.31	0.27
	非汛期	118.42	-11.03	0.37	138.11	2.21	0.35
	全年	448.93	-10.65	0.18	470.76	-4.71	0.22
1957 ~ 2000	汛期	369.34		0.28	358.89		0.29
	非汛期	133.11		0.30	135.12		0.30
	全年	502.45		0.23	494.01		0.23

时段	时期（年）	南川河			三川河干流		
		时期平均值（mm）	距平（%）	变差系数	时期平均值（mm）	距平（%）	变差系数
1957 ~ 1969	汛期	366.07	4.86	0.33	364.66	6.92	0.34
	非汛期	156.21	13.70	0.22	156.75	18.42	0.22
	全年	522.28	7.36	0.26	521.41	10.13	0.25
1970 ~ 1979	汛期	371.21	6.34	0.26	368.30	7.98	0.26
	非汛期	120.27	-12.46	0.21	111.11	-16.06	0.18
	全年	491.48	1.03	0.22	479.41	1.26	0.22

续表 3-4

时段（年）	时期	南川河			三川河干流		
		时期平均值（mm）	距平（%）	变差系数	时期平均值（mm）	距平（%）	变差系数
1980～1989	汛期	344.17	-1.41	0.24	339.06	-0.59	0.21
	非汛期	132.80	-3.34	0.36	124.33	-6.07	0.35
	全年	476.97	-1.95	0.18	463.39	-2.12	0.15
1990～2000	汛期	309.82	-11.25	0.25	285.20	-16.38	0.34
	非汛期	134.61	-2.02	0.34	129.97	-1.81	0.36
	全年	444.43	-8.64	0.19	415.17	-12.31	0.24
1957～2000	汛期	349.09		0.29	341.07		0.31
	非汛期	137.39		0.29	132.37		0.32
	全年	486.48		0.22	473.44		0.24

子流域不同年代间的变化趋势与全流域的变化相同。集中表现为:北川河的降水量在 20 世纪 70 年代之前时段比多年平均值偏大 8.12%;70 年代和 80 年代与多年平均值无明显差;90 年代比多年平均值减少幅度较大,减少了 10.65%;年际间的变化不明显,变差系数为 0.2 左右,最大值为 50 年代末期到 60 年代的值。汛期降水量的年际变化表现出逐渐降低的趋势,具体为 70 年代之前较多年平均值偏大,之后偏小;年际间的变差系数大于相应时段全年的变化;非汛期降水量的变化在 70 年代和 90 年代较多年平均值偏少。由此可见,北川河 70 年代降水量降低的主要原因应归于非汛期降水量的下降;而八九十年代降水量的降低则源于汛期降水量的减小,二者共同使得北川河全年降水呈缓慢减少趋势,倾向率为 -0.24。

东川河降水量的年际变化表现出与北川河相同的变化规律,即 20 世纪 70 年代之前全年和汛期的降水量均较多年平均值偏大,80 年代和 90 年代均偏小,年际间的变化明显,70 年代则表现为汛期偏大而全年偏小的变化趋势;不同年代变差系数均维持在 0.2,且汛期的年际变化大于全年;东川河降水量的年际变化较北川河小,降水倾向率为 -0.17。

南川河:从 20 世纪 50 年代末期到 90 年代,时段降水量逐渐减少,导致 44 年期间多年平均降水量为 486.48 mm。由距平统计结果可见,70 年代之前,时段全年降水量均值较多年平均值偏大 7.36%,70 年代偏多 1.03%,80 年代偏少 1.95%,统计时段的降水倾向率为 -0.22;变差系数维持在 0.2,汛期的略大于全年的。而且由汛期的时段降水量统计结果可见,70 年代降水量比 70 年代之前减少的主要原因在于非汛期降水量的减少,而汛期降水量则增加。

三川河干流区:该区域降水量的年际变化与南川河的相似,20 世纪 50 年代末期和 60 年代降水量较多年平均值偏大,之后降水量下降,年际变化明显,变差系数维持在 0.2 左右,汛期的变化大于全年;但是,三川河干流区降水量年际变化的降低趋势较南川河的大。比较各区域可见,80 年代以来三川河干流区降水量的变化最大,下降幅度最显著,降水倾向率为 -0.32。

尽管不同子流域的降水量呈现出相异的变化行为,但由图 3-1 可见,不同区域 44 年的降水量模比系数的变化趋势基本相同,说明三川河流域不同子流域降水量的年际变化的整体趋势基本一致。

3.3.3 降水量的空间变化

降水量是一个受流域位置、气候特点、下垫面条件等众多因素影响的综合结果。由于三川河的地理位置和特殊的地貌特征,使得全流域降水量表现出明显的空间变异性。由表 3-5 可见,北川河和东川河的多年降水量是全流域的 1 倍以上,而南川河及三川

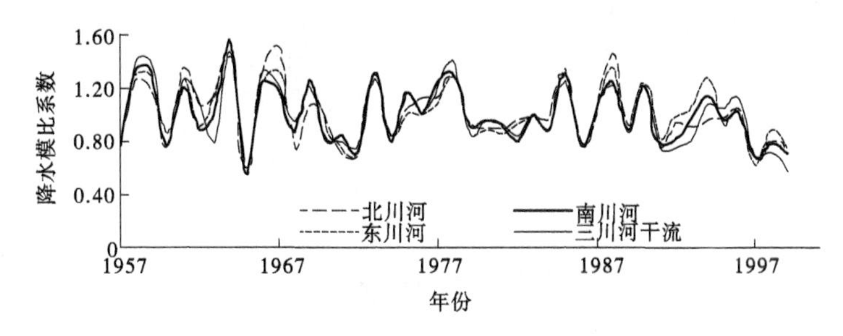

图 3-1　三川河流域不同子流域降水量模比系数变化过程图

河干流则不足 1 倍。降水量的多年平均值的空间变化特点整体上为随纬度的增加而增大,呈上游多、下游少的变化趋势。

表 3-5　三川河降水量的地区分布特点

区域	控制面积（万 km^2）	占全流域面积的比例(%)	多年平均降水量(mm)	与全流域比较
全流域	0.416	100.00	490.19	
北川河	0.165	39.66	502.44	1.03
东川河	0.096	23.08	594.01	1.21
南川河	0.080	19.23	486.48	0.99
三川河干流	0.075	18.03	473.44	0.97

同时,由 1957 ~ 1990 年多年平均降水量等值线图可看出降水量的空间变化规律(见图 3-2、图 3-3)。由图 3-2 可知,三川河流域降水量的地区分布很不均匀,集中表现为南北多、东西少的总趋势。降水量呈现明显的 3 部分,即以流域中部 505 mm 和 500 mm 降水量等值线为界,北川河(除下游入三川河干流区的部分外)、南川河流域的降水量等值线均大于 500 mm,且北川河的多年平均降水量大于南川河;东川河(除小东川河的上游外)和三川河干流区的多年平均降水量维持在 500 mm 以下。

图 3-2　全年降水量等值线图

图 3-3　汛期降水量等值线图

汛期的多年平均降水量的地区分布也表现出明显的空间变化趋势，以横跨流域东西的366 mm降水量等值线为界，将汛期的降水量从南向北分为3部分，即北川河流域、东川河流域和三川河干流区域，以及南川河流域的上游区。由汛期的降水量等值线可见上游汛期的降水量大于下游，流域南北两边区域汛期的降水量大于中间区域，随经度的变化较为明显。

由不同区域降水量的空间分布可见，降水量表现出从上游到下游逐渐减少的趋势，这与不同时段的统计结果相一致。

3.4 三川河流域降水类型分析

流域降水量和径流量的时空分布规律与流域内降水的类型密切相关。根据我国国家气象中心规定：1 d（或24 h）降水量在10.0 mm以下的雨量称为小雨，10.0～25.0 mm的称为中雨，25.0～50.0 mm的称为大雨，50.0～100.0 mm称为暴雨，100.0～200.0 mm的称为大暴雨，200.0 mm以上为特大暴雨。

三川河位于黄土高原区，地形地貌较为复杂，再加上受东亚季风的影响，降水的时空变化较大，降水类型多样。根据以上划分标准，分别对三川河流域典型站点雨量降水类型进行如下统计分析（见表3-6）。

由表3-6可见，三川河流域中雨、大雨和暴雨的分布较为均匀。全流域不同类型降水占对应测站降水总量的比例分别为：中雨30%～40%；大雨20%左右；暴雨不足10%。比较不同站点的暴雨主要出现于：北川河流域（开府1），南川河流域（开府2）和三川河干流（后大成和金家庄）。同时，比较不同类型降水的空间分布可见，中雨各站逐年平均降水量北川河最大，南川河次之，东川河与三川河干流区相似；多年平均大雨量最大出现于北川河，最小出现于三川河干流区；多年平均暴雨最大仍位于北川河，南川河与三川河干流区相似,而东川河最小。

表 3-6　三川河流域典型站点雨量类型统计

水文站点	流域	多年平均降水量(mm)			多年平均降水量/降水总量的比例(%)		
		中雨	大雨	暴雨	中雨	大雨	暴雨
圪洞	北川河	177.91	120.86	40.13	32.75	22.25	7.39
开府 1		167.85	108.81	42.57	33.39	21.64	8.47
方山		185.03	99.79	31.33	36.70	19.79	6.21
上阳湾		171.11	115.00	35.85	33.32	22.39	6.98
吴城	东川河	165.98	96.66	35.50	34.92	20.34	7.47
杜家庄		184.38	94.18	28.74	36.33	18.56	5.66
车家湾		162.73	84.59	23.53	33.51	17.42	4.84
开府 2	南川河	188.17	96.01	48.44	34.74	17.73	8.94
狮庄		172.80	89.82	44.96	33.79	17.56	8.79
金罗		165.07	98.06	38.28	34.86	20.71	8.08
后大成	三川河干流(1957 ~ 1990 年)	165.15	92.98	59.90	34.67	19.52	12.57
金家庄		189.78	81.94	56.75	38.10	16.45	11.39
土虎焉		179.05	94.45	46.46	34.41	18.15	8.93

3.5　气候变化对三川河流域降水的影响

三川河流域降水的变化与局地气候和大范围的气候背景有直接的关系。三川河作为黄河的组成部分,处在黄河流域的大的气候背景下,同样受到来自西太平洋副热带高压、青藏高原高度场及印度槽的影响。西太平洋副热带高压在近年来的变化较为明显,在正常情况下,西太平洋副热带高压脊线位置的年际变化有两种类型,单峰型和双峰型。两种副热带高压脊线的位置年变化类型的演变具有一定的阶段,但是据相关统计,近 40 年来单峰型为占绝大多数,且 1951 ~1979 年为单峰型主要时段,从而使三川河流域汛期的降水量偏多;而进入 80 年代,西太平洋副热带高压转为双峰型,使三川河流域气温降低,汛期降水量减少。

青藏高原高度场和印度槽的影响:据研究,青藏高原高度场和印度槽均存在 40 年左右的振荡周期。其变化与降水量具有一定的相关性,20 世纪 50 年代和 60 年代青藏高原高度场偏高,印度槽区位势较正常情况略高,使得三川河流域降水偏丰;60 年代进入 70 年代则明显偏低,从而出现了三川河流域降水减少的变化。

3.6 不同时期三川河流域降水量的变化

为了使流域各时期的平均降水量有可比性,选择各时期基本共有的雨量站:开府、方山、圪洞、吴城、车家湾、杜家庄、金罗、狮庄,取其降水量的算术平均值作为流域平均降水量。

3.6.1 降水量的年内变化

将不同系列年均降水量进行比较,降水量年内分配不均,集中在汛期(6~9 月),占年降水量的 72.58%,尤其集中在 7~8 月,约占 48%。各系列年均降水量变化不太大,变化大的主要是 6 月及 9 月,6 月雨量由基准期占年雨量的 8.8% 升至 20 世纪 80 年代的 17.4%,而 9 月雨量由基准期 9 月占年雨量的 15.1% 降至 90 年代的 10.7%,主要是月分配调整显著。

三川河流域不同时段平均雨量见表 3-7。

3.6.2 降水量的年代变化

各时期降水量变化见表 3-8 ~ 表 3-11。

表 3-7　三川河流域不同时段平均雨量

时段（年）	月雨量(mm)				汛期雨量（mm）	年雨量（mm）	占年值的比例(%)				
	6 月	7 月	8 月	9 月			6 月	7 月	8 月	9 月	汛期
1957 ~ 1969	46.6	141.3	107.0	80.0	374.7	530.1	8.8	26.7	20.2	15.1	70.7
1970 ~ 1979	56.1	123.2	134.2	62.1	375.7	491.1	11.4	25.1	27.3	12.6	76.5
1980 ~ 1989	85.3	103.7	97.5	69.7	356.2	491.5	17.4	21.1	19.8	14.2	72.5
1990 ~ 2000	47.8	116.9	115.5	49.6	329.8	462.1	10.3	25.3	25.0	10.7	71.4
1957 ~ 2000	58.1	122.7	113.1	64.4	360.2	496.3	11.70	24.72	22.79	13.37	72.6

表 3-8 三川河流域不同年代汛期降水量与径流量变化

时段(年)	降水量(mm)			径流量(亿 m^3)		
	全年	6~9月	7~8月	全年	6~9月	7~8月
1957~1969	530.1	374.7	248.3	3.283	1.884	1.303
1970~1979	491.1	375.7	257.4	2.475	1.317	0.867
1980~1989	491.5	356.2	201.2	1.909	0.989	0.617
1990~2000	462.1	329.8	232.4	1.612	0.857	0.579
1957~2000	496.3	360.2	235.8	2.369	1.295	0.867

表 3-9　三川河流域不同时期降水量变化

时段(年)		年均值(mm)	与 1957～1969 年相差		阶段极值			
			数量(mm)	%	最大值(mm)	最小值出现年	最小值(mm)	最小值出现年
1957～1969	汛期	374.7			535.2	1964	163.4	1965
	非汛期	155.4						
	全年	530.1			736.8	1964	301.8	1965
1970～1979	汛期	375.7	1	0.27	520.4	1973	251	1972
	非汛期	115.4	-40.0	-25.74				
	全年	491.1	-39.0	-7.36	635.7	1973	347.8	1972
1980～1989	汛期	356.2	-18.5	-4.94	557.6	1988	270	1986
	非汛期	135.3	-20.1	-12.93				
	全年	491.5	-38.6	-7.28	659.3	1988	384.3	1986
1990～2000	汛期	329.8	-44.9	-11.98	411.6	1990	206.4	1997
	非汛期	132.2	-23.2	-14.93				
	全年	462.1	-68.0	-12.83	599.7	1990	325.5	1997

表 3-10　三川河流域不同时期汛期各种类型降雨出现情况

时段(年)		小雨		中雨		大雨		暴雨		降水量(mm)
		雨量(mm)	次数	雨量(mm)	次数	雨量(mm)	次数	雨量(mm)	次数	
1957 ~ 1969	总计	2 024.1	874	1 667.9	115	825.5	29	353.6	6	4 871.1
	平均	155.7	67.2	128.3	8.8	63.5	2.2	27.2	0.46	374.7
1970 ~ 1979	总计	1 489.3	661	1 224.5	82	855.8	25	186.6	3	3 757.0
	平均	148.9	66.1	122.4	8.2	85.8	2.5	18.6	0.3	375.7
1980 ~ 1989	总计	1 262.1	571	1 348.5	83	766.6	23	184.3	3	3 561.5
	平均	126.2	57.1	134.9	8.3	76.7	2.3	18.4	0.3	356.2
1990 ~ 2000	总计	1 287.3	560	1 176.1	84	702.6	23	132.2	2	3 298.0
	平均	128.7	56	117.6	8.4	70.3	2.3	13.2	0.2	329.8
70 年代与基准期比较(%)		-4.4	-4.6	35.1	-31.6	0.27				
80 年代与基准期比较(%)		-19	5.1	20.8	-32.4	2.4				
90 年代与基准期比较(%)		-17.3	-8.3	10.7	-51.5	-5.1				

注:表 3-10 是按小雨($P<10$ mm)、中雨(10 mm$\leqslant P<25$ mm)、大雨(25 mm$\leqslant P<50$ mm)、暴雨(50 mm$\leqslant P<100$ mm)标准统计的汛期流域平均日雨量的组成情况。

表 3-11　三川河流域不同时期降水量变差系数 C_v 统计

时段（年）	1957 ~ 1969	1970 ~ 1979	1980 ~ 1989	1990 ~ 2000	1957 ~ 2000
C_v	0.27	0.213	0.178	0.184	0.226

分析降水的年代变化可知：

（1）基准期年降水量 530.1 mm，偏丰，较多年平均值多 6.8%。20 世纪 70 年代、80 年代年均降水量相近，分别为 491.1 mm、491.5 mm，分别较多年平均值少 1.05%、0.97%；90 年代年均降水量为 462.1 mm，较多年平均值少 6.89%。

（2）基准期与 20 世纪 70 年代汛期降水量相近，分别为 374.7 mm、375.7 mm，稍多于多年平均值（360.2 mm）；80 年代汛期降水量 356.2 mm，接近于多年平均值；90 年代汛期降水量为 329.8 mm，比多年平均值少 8.44%。

（3）非汛期降水量，基准期 155.4 mm，偏丰，较多年平均值（136.1 mm）多 14.18%；20 世纪 70 年代非汛期降水量为 115.4 mm，偏枯，较多年平均少 15.21%；80 年代，接近多年平均值；90 年代非汛期降水量为 132.2 mm，接近于多年平均值。

（4）基准期年降水量变幅大，20 世纪 70 ~ 90 年代年际变化小，其中 80 年代降水量的年际变幅最小。

（5）各时期暴雨机会差不多，平均 3 ~ 5 年发生一次。其中，基准期的暴雨量大、出现机会最多，20 世纪 70 年代、80 年代年平均暴雨量相近，比基准期减少近 40%。平均大雨出现日数和雨量仍以 70 年代居多，其他三个时期差不多。

第4章　三川河流域河川径流量及其变化特征

一个流域的河川径流量是该流域地表水资源的主要组成部分。流域水资源的开发、利用主要是对河川径流量的利用。河川径流量的数量和质量受到众多因素的影响，从而被分为天然径流量、实测径流量；不同河流断面的径流量和流域出口断面的径流量。由于资料所限，以下仅对代表全流域径流量的后大成站的实测径流量做出分析。

4.1　三川河流域实测径流量

根据1957～2000年44年的径流资料可见，三川河流域多年平均年径流量为2.73亿m^3，折合径流深65.61 mm。

在44年河川径流量系列中，最大为1964年的5.70亿m^3，最小为1999年的1.09亿m^3；频率为20%的丰水年实测径流量为3.61亿m^3；频率为75%的枯水年实测径流量为1.82亿m^3，约相当于多年平均的66.67%，频率为95%的枯水年实测径流量为1.24亿m^3，相当于多年平均的45.4%。

4.1.1　实测径流量的年内变化

受降水影响，河川径流的年内分配与降水量的年内分配有着十分密切的关系。由图4-1可见，三川河流域降水量的年内分配与径流量的年内分配趋势基本吻合，综合分析得到以下几点结论：

(1)径流量年内分配不均匀，降水主要集中在7～9月，三个

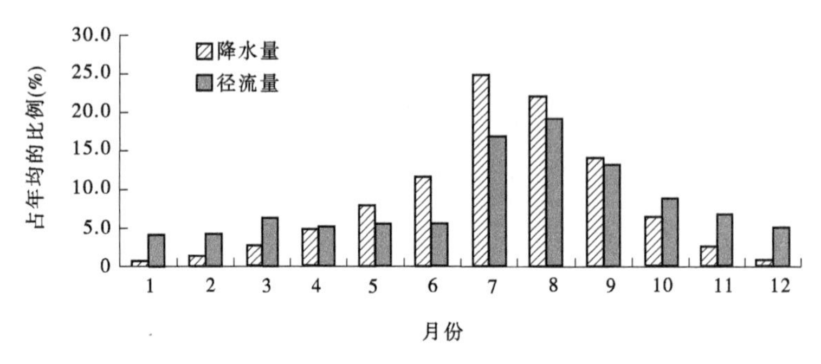

图 4-1　三川河流域降水量、径流量的年内分配

月降水量占全年降水量的 61%，径流也主要集中在 7～9 月，三个月的径流量占全年径流量的 48.0%，其中又以 8 月径流量最大，8 月径流量占全年的 19.5%，1、2 月的径流量最小。

(2)盛夏径流量最大，据历年来的资料，盛夏径流量占全年径流量的 35.58%，由此可见，盛夏 7、8 月的径流量对全年的径流量大小起到极其重要的作用。

(3)冬季径流量最小，与黄河流域其他地区一样，冬季是整个流域降水量最少的季节，受降水的影响，径流量仅占全年的 13.82%。

三川河流域的径流主要源于降水的补给，因此降水量的时空分布在一定程度上决定了径流量的年内变化及其在地域上的分配状况。径流量的年内分布不均匀，6～9 月径流量占全年的 53.98%，最大月径流量一般出现在 8 月，占年径流量的 19.50%，与降水量的年内分配相比，约滞后 1 个月的时间，主要是流域调蓄作用所致，最小在 1 月，最大在 8 月，最大径流量与最小径流量相差近 5 倍。

4.1.2　实测径流量的年际变化

三川河流域后大成站不同时段不同时期径流量变化见表 4-1。

表 4-1　三川河流域径流量年内分配

时段(年)	逐月径流量占年径流量的比例(%)													时段年均径流量(亿 m^3)
	1月	2月	3月	4月	5月	6月	7月	8月	9月	10月	11月	12月	汛期	
1957 ~ 1959	3.08	3.16	4.58	3.44	3.25	4.13	21.25	34.93	7.76	5.37	4.94	4.12	68.07	3.67
1960 ~ 1969	3.73	3.76	5.80	5.20	6.12	4.64	20.05	14.93	14.70	9.79	6.66	4.60	54.32	3.84
1970 ~ 1979	4.58	4.71	6.66	5.43	4.78	5.61	13.33	21.69	12.58	8.28	6.91	5.44	53.21	2.86
1980 ~ 1989	5.41	5.33	7.67	6.04	6.64	9.40	10.66	14.32	12.54	8.64	7.47	5.86	46.93	2.04
1990 ~ 2000	5.01	4.81	6.10	5.12	6.05	7.50	13.68	21.03	10.00	8.01	6.82	5.87	52.21	1.78
1957 ~ 2000	4.33	4.34	6.22	5.20	5.56	5.98	16.08	19.50	12.42	8.52	6.70	5.15	53.98	2.73

多年平均径流量为2.73亿 m^3,20世纪60年代年径流量为3.84亿 m^3,比多年平均径流量多40.7%;70年代为2.86亿 m^3,较多年平均径流量多4.76%;到80年代,径流量为2.04亿 m^3,比多年平均径流量少25.3%;而1990~2000年,径流量锐减为1.78亿 m^3,比多年平均径流量少34.8%。

汛期的变化更为明显。20世纪60年代平均径流量为2.09亿 m^3,较汛期多年平均值多41.32%;70年代平均径流量为1.52亿 m^3,较汛期多年平均值偏多3.29%;到80年代,汛期的径流量仅为0.96亿 m^3,较多年平均值少35.24%;90年代,汛期径流量为0.93亿 m^3。

汛期、非汛期以及全年时段平均径流量的详细变化见表4-2。

表4-2 后大成站不同时期径流量变化 (单位:亿 m^3)

时段(年)	时期	多年平均值(亿 m^3)	距平(%)	变差系数 C_v	时段极值			
					最大值出现的时间(年)	最大值(亿 m^3)	最小值出现的时间(年)	最小值(亿 m^3)
1957~1959	汛期	2.50	69.08	0.53	1959	4.175	1957	0.922
	非汛期	1.17	-6.99	0.14	1959	1.391	1957	1.027
	全年	3.67	34.07	0.40	1959	5.566	1957	1.949
1960~1969	汛期	2.09	41.32	0.51	1967	3.543	1960	0.721
	非汛期	1.75	39.38	0.21	1964	2.629	1960	1.248
	全年	3.84	40.43	0.31	1964	5.702	1960	1.969
1970~1979	汛期	1.52	3.29	0.39	1978	2.666	1972	0.796
	非汛期	1.34	6.51	0.16	1979	1.688	1972	1.098
	全年	2.86	4.77	0.24	1978	4.259	1972	1.894

续表 4-2

时段(年)	时期	多年平均值(亿 m^3)	距平(%)	变差系数 C_v	时段极值			
					最大值出现的时间(年)	最大值(亿 m^3)	最小值出现的时间(年)	最小值(亿 m^3)
1980～1989	汛期	0.96	-35.24	0.32	1985	1.643	1983	0.636
	非汛期	1.08	-14.129	0.10	1980	1.326	1982	0.982
	全年	2.04	-33.10	0.17	1985	2.784	1983	1.730
1990～2000	汛期	0.93	-37.14	0.51	1996	1.710	1997	0.390
	非汛期	0.85	-32.51	0.39	1991	1.240	2000	0.610
	全年	1.78	-35.01	0.40	1996	2.590	1999	1.090
1957～2000	汛期	1.48		0.63	1959	4.175	1983	0.636
	非汛期	1.26		0.37	1964	2.629	1982	0.982
	全年	2.74		0.45	1959	5.566	1983	1.730

由图 4-2 可见，从 20 世纪 50 年代末期到 90 年代末期，三川河流域的全年和汛期的径流量呈现出逐渐减少的趋势；非汛期在 60 年代初期之前，径流量缓慢上升，之后波动幅度较小。纵观 44 年的径流系列发现，全年径流量逐年变化趋势与汛期的径流量的变动趋势相同，各自以斜率为 -0.06～-0.03 的趋势下降，对应的趋势线分别为 $y = -0.0568x + 115.05$，$y = -0.0328x + 66.451$；而非汛期的变化则较为平缓，其趋势线为 $y = -0.024x + 48.595$。由此说明，汛期径流量的变化趋势集中影响着全年径流量的变化趋势。

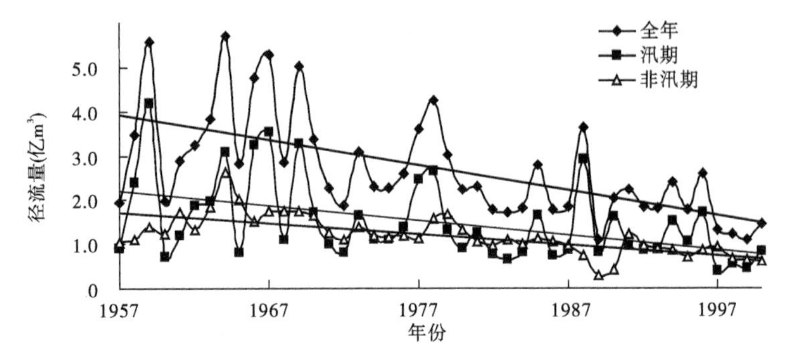

图 4-2 径流过程

再结合 1957 ~ 2000 年径流量的差积曲线图(见图 4-3)可以看出,三川河流域径流量呈现出一种倒 V 字形,即以 20 世纪 70 年代为界,在 70 年代之前处于偏丰年和 70 年代之后处于偏枯年的总变化趋势,而且在大的变化趋势中又具有丰、平、枯水年交替循环的现象。

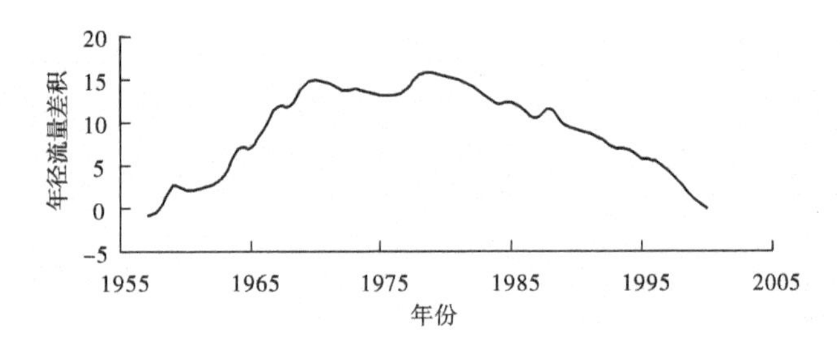

图 4-3 径流量差积曲线图

4.2 降水量—径流量的关系

表 4-3 给出不同年代汛期、非汛期以及全年降水量、径流量的对比情况。根据表 4-3 可见,不同年代、不同时期降水量和径流量的变化规律不完全相同。

表 4-3　三川河流域不同年代降水量、径流量对比

时段（年）		1957～1959	1960～1969	1970～1979	1980～1989	1990～2000	1957～2000
汛期	降水量(mm)	401.36	363.76	372.75	353.59	317.35	355.31
	径流量(亿 m^3)	2.50	2.09	1.52	0.96	0.93	1.48
非汛期	降水量(mm)	144.67	158.50	114.99	133.55	129.54	134.88
	径流量(亿 m^3)	1.17	1.75	1.34	1.08	0.85	1.26
全年	降水量(mm)	546.03	522.26	487.74	487.14	446.89	490.19
	径流量(亿 m^3)	3.67	3.84	2.86	2.04	1.78	2.74

在汛期,不同年代的平均降水量与多年平均值相比,20 世纪 50 年代到 70 年代偏多,80 年代、90 年代偏少;径流表现为: 70 年代之前偏多,80 年代和 90 年代偏少。降水量与径流量的变化幅度不一致。

非汛期的降水量与径流量表现为:降水量表现在 50 年代末期和 60 年代偏多,70 年代最少,80、90 年代基本持平的变化趋势,对应的径流量则仅 60 年代和 70 年代偏多,其他各年代均偏少。

汛期和非汛期降水与径流共同使得三川河全年的降水量和径流量表现出明显的年际变化特征,即 70 年代之前降水量、径流量大于多年平均值,70 年代之后,二者均小于多年平均值;70 年代则与多年平均值基本一致。但是二者在年际变化趋势一致的总趋势下,其对应的年际间衰减量却并不一致(见图 4-4)。

由不同时段降水量、径流量的过程图可以直观地看出,三川河流域降水量和径流量二者存在着明显的相关关系;但是,当进入 20 世纪 70 年代以来,径流量呈现明显的降低趋势;而降水量则变

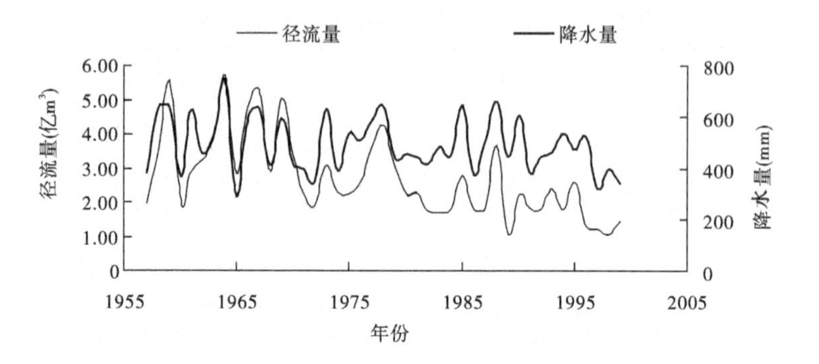

图 4-4　三川河流域年平均降水量与径流量过程图

化不十分明显。同时，由不同年代降水量—径流量相关分析结果可见(见图 4-5)：70 年代之前，全年的降水量—径流量的相关趋势遵循方程 $y = 0.0076x - 0.1772$，相关系数 $R = 0.6279$，汛期 $y = 0.0084x - 0.9386$，相关系数 $R = 0.7503$；70 年代到 80 年代的全年降水量—径流量遵循方程 $y = 0.0048x + 0.2342$，相关系数为 $R = 0.4031$，汛期为 $y = 0.0053x - 0.5759$，相关系数 $R = 0.6447$；90 年代全年和汛期降水量—径流量关系则分别遵循方程 $y = 0.0028x + 0.5459$ 和 $y = 0.0021x + 0.267$，相关系数 R 均为 0.2 左右；比较不同年代不同时段的降水量—径流量关系可见，全年和汛期均表现为 70 年代之前大于 80 年代、90 年代的趋势。由 30 年系列不同时段全年和汛期的降水量—径流量的关系分析发现，全年降水量—径流量关系的趋势方程为 $y = 0.0075x - 0.6563$，相关系数 $R = 0.5205$；汛期为 $y = 0.0075x - 1.029$，相关系数 $R = 0.6067$；与 70 年代之前、70 ~ 80 年代的分析结果相似，表现出汛期降水量—径流量的相关性大于全年。由图 4-6 可见，强降水(大雨和暴雨)与径流关系也具有一定的相关性，三川河流域的强降水量与径流量的逐年变化趋势基本一致。

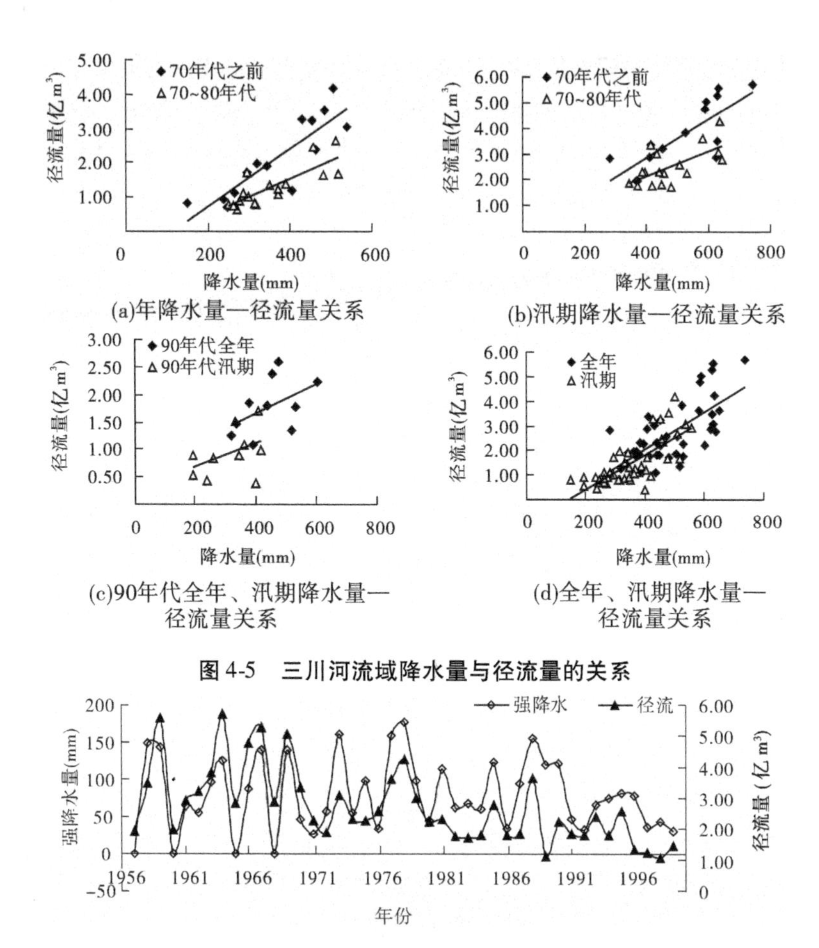

图 4-5　三川河流域降水量与径流量的关系

图 4-6　强降水量与径流量的关系

三川河流域 6 ~ 9 月降水量与径流量关系见图 4-7。

由以上分析可见,降水量、径流量之间存在着一定的相关性,由于降水、径流主要集中在汛期,因此这里重点分析汛期降水、径流规律。6 ~ 9 月降水量与径流量关系,50 ~ 60、70、80、90 年代相关系数依次为 0.75、0.56、0.88、0.54,降水量与径流量具有良好的相关关系，表明在同一时期径流量主要受降水的影响，也就是径流量随降水量的增大而增大；但降水量—径流关系点群随年代向左偏离，表明了在相同降水条件下，不同时期径流量是不同的，如1957～1969年与20世纪70年代的雨量相近，径流量相差30.1%。由图4-7可以看出，同一降水条件不同年代的径流量相差很大，如90年代与50～60年代相比，降水量减少12.8%，而径流量减少50.9%，径流量的减幅远大于降水量的减幅。

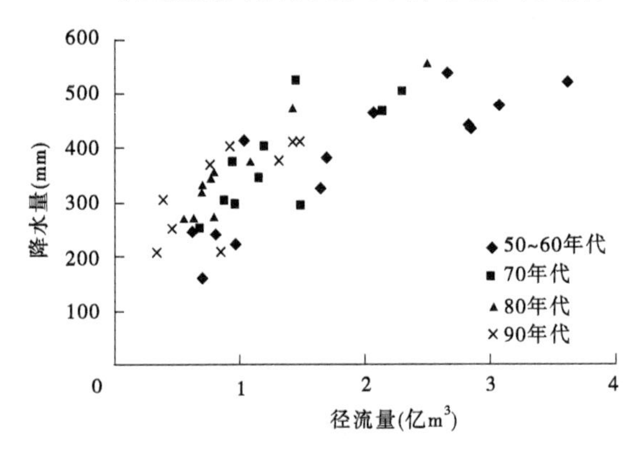

图4-7 三川河流域6～9月降水量与径流量关系

50～60、70、80、90年代年径流系数分别为0.15、0.12、0.10、0.09，7～8月径流系数分别为0.12、0.08、0.07、0.06。年、汛期降水径流系数均呈递减趋势，主汛期的减幅略大于全年。

上述降水量—径流量关系的变化，充分反映了流域人类活动对径流的影响。20世纪50～60年代流域综合治理及人类活动影响很少，径流量的大小主要取决于降水量，关系较好。70年代以来，开展了大规模的水利水保工作，如修建蓄水工程[中型水库2座，小(1)型水库2座，小(2)型水库5座]，小流域综合治理等，流域下垫面条件发生了显著变化。此时，径流受降水和人类活动的双重影响，关系也随之改变。一般来说，中常降水条件下，水利水保工程减水作用对径流的影响较大;而在大雨年份,水库拦蓄能力有限,其减水作用对径流的影响则相对减弱,这就是90年代降水量—径流量相关系数减小而80年代增加的原因所在。以上的分析也说明径流的形成与变化不仅归因于降水量的变化,而且还与径流转化和存在的下垫面条件(人类活动的间接影响)以及人类通过取用耗排等直接人类活动有密切关系。

4.3 降水量—径流量的变化规律

在分析三川河流域降水量—径流量变化规律时,采用下述两种方法进行分析,即不同系列(年代)对比、双累积曲线分析。

4.3.1 不同系列(年代)对比

根据观测资料,分别计算出后3个时段的年降水量、年径流量的平均值,并与前一时段相应值做对比,分析其变化情况。

不同年代降水量、径流量对比分析见表4-4。

表4-4 不同年代降水量、径流量对比分析

时段(年)	降水量(mm)			径流量(亿 m^3)		
	年均	减少量	比例(%)	年均	减少量	比例(%)
1957~1969	527.7			3.8		
1970~1979	487.7	-40	-7.58	2.86	-0.94	-24.74
1980~1989	487.1	-40.6	-7.69	2.04	-1.76	-46.32
1990~1999	446.9	-80.8	-15.31	1.78	-2.02	-53.16
1957~1999	490.2	-37.5	-7.11	2.73	-1.07	-28.16

从对比结果可知,与1957~1969年相比,后3个时段的年降水量、年径流量均有减少,与1969年以前相比,后3个时段的降水

量分别减少了7.58%、7.69%、15.31%，径流量减少了24.74%、46.32%、53.16%。值得注意的是，20世纪80年代与70年代相比，降水量虽然只减少了0.6 mm，而年径流量却减少了0.82亿m^3。

图4-8点绘了三川河流域的降水量、径流量累积曲线，由历年降水量、径流量的累积过程可以看出，降水累积过程线比较顺直，斜率变化不大，而径流的累积过程线则形成了几个起伏：1959年前斜率较大，1960~1962年较小，1963年有一个较大的抬升，随后一直到1970年，在此之前的平均斜率较大，1971~1975年水量不大，斜率变小，1976年又有一个抬升，1979年达到最高点后又开始下降，1980~1984年趋于平缓，1987年又有些上翘，反映了几个大水年在累积过程中的抬升跳跃作用。此外，还可以看出，1971年前的累积线平均斜率较大，而1971年后累积线明显变平，斜率变小。

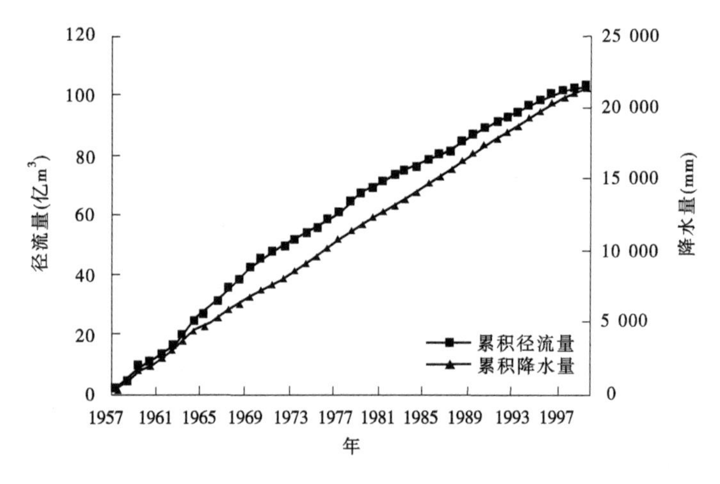

图4-8　降水量—径流量累积曲线

4.3.2 双累积曲线分析

点汇三川河流域年降水量—年径流量双累积曲线(见图4-9),从曲线趋势可以看出,曲线略有减缓。由双累积曲线分别计算出各时段(年代)的斜率,即可求出各时段(年代)的平均年径流系数($\alpha = \overline{R}/\overline{P}$),并与非治理时段相比较,分析下垫面的保水作用,对比结果见表4-5。结果表明,各年代的平均年径流系数均呈减小趋势。由此可知,下垫面变化对径流产生了显著影响,且是朝着减水方向发展的。

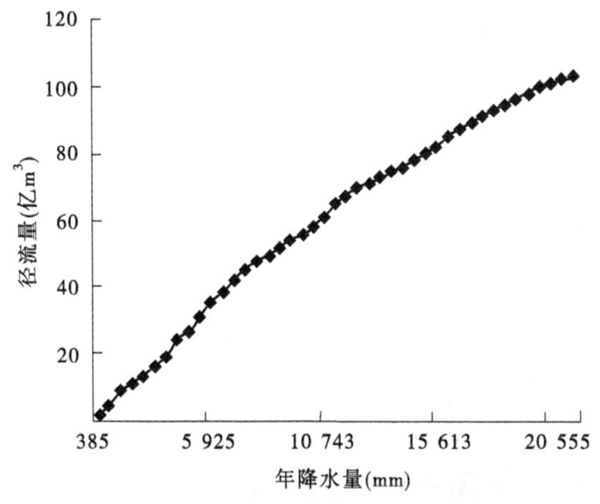

图4-9 三川河流域年降水量—年径流量双累积曲线

根据时段对比与双累积曲线分析可得出这样的结论:三川河流域的径流量的变化与降水量的变化趋势基本一致。各年代降水量、径流量呈减少趋势,特别是20世纪90年代,降水量、径流量最小。径流量的减幅远大于降水量的减幅,表明了流域径流除受降水影响外,还受人类活动的影响。

表 4-5 各年代的平均年径流系数

时段(年)	$\sum\overline{R}$—$\sum\overline{P}$ 曲线		
	平均年径流系数	与 1957～1969 年相比	
		减小值	减少百分比(%)
1957～1969	0.173		
1970～1979	0.141	-0.032	-18.50
1980～1989	0.101	-0.072	-41.62
1990～1999	0.096	-0.077	-44.51
1957～1999	0.134	-0.039	-22.54

4.4 人类活动对径流的影响初步分析

降水、径流过程是一个受众多因素影响的综合过程,其形成和演化过程是一个自然过程和人类活动综合作用的结果。降水是径流形成的主要补给源,降水量的多少直接关系着径流的形成;影响降水的因素间接地作用于径流。特殊的地理条件和目前的气候变化是造成降水变化的两大因素,同样导致径流的改变。同时,在降水变化的影响下,人类活动对径流的影响极为明显。

人类活动对径流的影响根据其作用途径不同可分为直接和间接影响两类。直接影响是指由于人类活动改变了水循环的数量和时空分布,集中地体现为取用耗排等过程,使得形成径流的水量最终发生变化,包括兴建水库、作物灌溉等。间接影响是指人类通过改变下垫面状况、局地气候而引起的径流变化。因而,就三川河流域人类活动对径流量的影响而言,主要包括水利水土保持工程和其他如开矿、修路等措施。

三川河流域的水利工程主要包括修建水库和改变灌溉面积等内容。三川河流域有中型水库2座(陈家湾和吴城水库),小(1)型水库2座,小(2)型水库5座。全流域内水浇地面积得到迅速发展,在20世纪90年代初,达到6 640 hm^2。

同时,由于本流域在20世纪80年代初,水土流失严重,面积达2 767 km^2,流域平均每平方千米输沙量为6 989 t,而且局部地区每平方千米的侵蚀量可高达2万t的水土流失现状受到国家的重视,于1983年被列为国家重点治理区。根据黄河水沙基金成果,截至1989年完成的水平梯田2.67万 hm^2,淤地坝2 733 hm^2,河滩淤地1 533 hm^2,水土保持林7 033万 hm^2,种草4 667 hm^2等,共计治理面积11.08万 hm^2,占水土流失面积的39.4%。不同水土保持措施的实施,共同导致近年来径流量明显降低。黄河水沙基金研究成果表明,1957~1987年不同时期人类活动对径流的减少量的统计结果表现为逐年增加的趋势,即70年代减少0.448亿 m^3,为基准年(1957~1989年)年平均径流量的13.8%,80年代减少0.708亿 m^3,为基准年(1957~1989年)年平均径流量的21.9%。水土保持措施完成量及减水量见表4-6。

表4-6 水土保持措施完成量及减水量

措施	完成量(hm^2)				减水量(万 m^3)			
	1959年底	1969年底	1979年底	1989年底	1959年底	1969年底	1979年底	1989年底
梯田	2 887	9 833	1 609	2 600	48.5	165.2	270.4	448.6
坝地	173	600	1 006	2 733	52.0	180.0	302.0	820.0
滩地	53	147	653	1 533	12.0	33.0	147.0	660.0
水土保持林	1 473	3 627	21 700	70 334	11.9	29.4	175.8	569.7
牧草	733	1 787	2 540	4 667	5.3	12.9	18.3	33.6
封山育林	3 847	13 406	8 140	4 853	17.3	60.3	42.6	21.8
合计	9 166	29 400	50 138	110 820	147.0	480.8	956.1	2 553.7

注:黄河水沙基金《三川河水沙变化原因分析及发展趋势预测》。

同时，结合工业、农业、生活用水和水库蓄变量对水量的影响，各年代平均减水量见表4-7。由表4-7可见，三川河流域的径流量在人类活动的影响下，70年代年均减少2 415.4万m^3，80年代减少3 835.6万m^3，影响量是相当大的。

表4-7 各种人类活动强度及增减水量

时段（年）	农业用水		工业生活用水量（万m^3）	水库蓄变量（万m^3）	人类活动增水量（万m^3）	水土保持措施减水量（万m^3）	总计（万m^3）
	灌溉面积（hm^2）	总引水量（万m^3）					
1957～1959	1 347	513	37.5		-2.5	73.5	621.5
1960～1969	2 360	899	125.1	60	-13.2	313.9	1 384.8
1970～1979	2 967	1 130	312.6	130	-36.2	879.0	2 415.4
1980～1989	3 787	1 443	356.4	200	-79.2	1 915.4	3 835.6
1957～1989	10 461	3 985	1 075.6	390	-131.1	3 181.8	8 257.3

注：引自《山西省用水统计年鉴》。

第5章　水土保持措施对产汇流的影响

水土保持措施一般分为工程措施、生物措施和耕作措施三类。

水土保持工程措施是水土保持综合治理措施的重要组成部分，是指通过改变一定范围内（有限尺度）小地形（如坡改梯等平整土地的措施），拦蓄地表径流，增加土壤降水入渗，改善农业生产条件，充分利用光、温、水土资源，建立良性生态环境，减少或防止土壤侵蚀，合理开发、利用水土资源而采取的措施。水土保持工程措施可分为山坡防护工程、山沟治理工程、山洪排导工程、小型蓄水用水工程。其中，防止坡地土壤侵蚀的水土保持工程措施主要指山坡防护工程（主要有水平梯田、鱼鳞坑、隔坡梯田、水平条、水平坎等）、治沟工程（如淤地坝、拦砂坝、谷坊、沟头防护等）和小型水利工程（如水池、水窖、截水沟、沉砂池、排水系统和灌溉系统等）等。其中，山坡防护工程主要是通过改造坡地地形状况来拦截雨水或者雪水，对拦截下来的水量部分或者全部引流至目标草地、林地或者农田中，进而避免大范围径流的产生，从而有效地控制山坡区域的水土流失，而被引流到目标区域内的水量可以有效地通过适当方式再引流到对应蓄水工程中。治沟工程可以运用沟头防护、拦砂坝、沟道、谷帷坊及淤地坝等达到相应的拦泥作用。在山洪出现时可以对洪峰水流量做对应调控，进而缩减山洪与泥石流中的固体比例，达到泄洪的安全效果，缩减山洪在沟口冲击锥方面产生的破坏。

水土保持生物措施是指为防治水土流失，保护与合理利用水土资源，采取造林种草及管护的方法，增加植被覆盖率，维护和提高土地生产力的一种水土保持措施，又称植物措施。主要包括造林、种草和封山育林、育草，保土蓄水，改良土壤，增强土壤有机质、抗蚀力等措施。通过造林、种草，可以对径流进行调节，减少径流含沙量。首先，植被自身的截流作用会直接影响径流量，主要受植被类型、郁闭度、覆盖度等的影响，其截流率一般在12% ~35%，变化相对较大。其次，散落在地表的枯枝落叶层同样能够截蓄降水，延缓地表径流，同时可以抑制土壤水分的蒸发。最后，植被的根系可以有效提升土壤的渗透性及蓄水量。植被的存在同样需要消耗一定的水分，其耗水量的大小与植被的类型有着密切的联系，一般来讲，按照耗水量由小到大排列，依次为裸地、草地、灌木、乔木，而区域的降水量同样会影响植被耗水量。植物措施一般可以运用山顶防护林、坡面水土保持林、沟头防护林与护坡所用的薪炭林等。山顶防护林多在山顶区域展开，主要是避免土壤受到降水等直接性冲击而造成的水土流失损害，可以有效地保持水土，提升土壤所具有的抗冲刷性，同时可以获取木材资源。在缓坡面建立防护林可以避免缓坡面遭到多种侵蚀；坡面建立防护林主要是在陡坡区域，可以与护坡薪炭林产生相似的建设效果。沟头防护林建在沟头区域，可以避免水蚀与重力侵蚀。

耕作措施以改变坡面微小地形，增加植被覆盖或增强土壤有机质、抗蚀力等，保土蓄水，改良土壤，以提高农业生产的技术措施，如等高耕作，等高带状间作，沟垄耕作少耕、免耕等。在农业种植的过程中，土壤中的水分及养分是种植的必要条件，但是由于现阶段大量的水土流失，土壤中的水分及养分也随之流失，导致农业生产力降低。同时，因为地表的植被受到了严重的破坏，导致土壤裸露，土壤的蓄水能力也随之降低。目前水土的严重流失，只有对其进行水土保持措施，才能有效地预防和防止这种情况的大量出现。所以，这种情况下最常使用的水土保持方法就是林草种植和农业技术措施。这两种措施可以有效地保证土壤的蓄水能力，增加土壤的含水率，为农作物的生长提供大量的水资源，而农作物的正常生长又可以形成良好的水土保持措施。

5.1 不同水土保持措施的蓄水作用

5.1.1 梯田的蓄水作用

梯田具有保水、保土、保肥的作用。据各地水土保持科研所、站测试，坡耕地平均每年每公顷流失水量150～320 m^3，流失土壤15～75 t，最高达150 t。坡耕地修成水平梯田后拦蓄了部分地表径流和天然降水，大大减少了水、土、肥流失。对比观测结果显示，梯田可拦蓄年径流量的70.7%、年冲刷量的93%。

水平梯田是改造坡耕地的一项重要措施，坡耕地改成水平梯田，坡地变平地，减缓了流速、增加了土壤入渗，同时地边有埂，能拦蓄径流，制止水土流失，减水、减沙作用很大。

陡坡上的水平梯田，多是围绕着峁坡和梁坡修建的，三川河流域水土流失严重，水平梯田的修建可以大大减缓其水土流失的程度。据一些水土保持试验小区的观测，在一次降水量46.2～104.0 mm的情况下，可减少径流量57.7%～96.3%，减少泥沙量58.1%～90.2%（见表5-1）；多年平均可减少径流量70.7%～93.6%，减少泥沙量93.0%～95.9%。由此可见，水平梯田对水土流失的控制作用是非常显著的。

5.1.2 林草的蓄水作用

林草措施主要是通过提高植物对地表的覆盖度而减缓雨滴对地表的直接冲击，从而减少侵蚀、增加地表糙率、增加土壤的蓄水能力、减少水土流失的危害。山西省水土保持科学研究所用人工降水对沙棘林的减水、减沙效益进行试验，在45 min内降水75.3 mm，

表 5-1　梯田的减水减沙效益分析

时间（年-月-日）	雨量（mm）	坡耕地		梯田		效益(%)	
		径流（m^3）	泥沙（t）	径流（m^3）	泥沙（t）	径流	泥沙
1960-07-05	104.0	24 390	751	10 320	317	57.7	58.1
1964-07-30	60.0	19 460	5 616	4 962	1 065	74.5	79.4
1966-07-19	63.2	21 550	1 808	7 215	178	66.5	90.2
1966-07-26	46.2	5 220	779	1 005	29	96.3	63.1
平均						73.8	72.7

减水效益 85.2%、减沙效益 98.4%，枯枝落叶层的减水、减沙效益在总的效益中分别占 52.1% 和 64.8%。黄龙县水土保持监督管理站对枯枝落叶层的吸水量进行了试验，其吸水量可达枯枝落叶层本身重量的 2.21 ~ 3.16 倍，雨后含水量可保持在其重量的 1.0 ~ 1.76 倍。

据山西省水土保持科学研究所 1957 年观测资料，坡度 30°鱼鳞坑整地造林与坡度 25°的撂荒地相比，径流量减少 75.6%，土壤冲刷量减少 94.9%。又据该所卫正新等在离石区王家沟流域 1987 ~ 1990 年观测资料，在同样坡度条件下，与农地相比，刺槐成林地土壤侵蚀模数、清水径流深分别减少 92.6%、48.8%，柠条林分别减少 95.4%、85.9%，封禁荒坡分别减少 93.8%、78.5%。据该所王子科等在方山县马坊乡对沙棘林冠层和枯落物层产流产沙的研究表明，在郁闭度 0.7 的原状林地，人工降暴雨条件下，其径流深与侵蚀量分别只有 4.79 mm 和 8.37 t/km^2，与荒坡比较，减水率 87.98%、减沙率 98.86%；剪去沙棘植株破坏林冠层后，其减水、减沙率分别比原状林地降低 17.96% 和 3.84%；剪去沙棘植株并清走枯落物后，径流深与侵蚀量增加，分别比原状林地增加 5 倍和 45 倍多,减水率、减沙率分别降低 52.31% 和 51.27%。林地减水、减沙效益,其林冠层和林下枯落层的作用很大。

5.1.2.1 **种草**

草地是通过茂盛的枝叶截流雨水,减少雨滴的冲击,保护土壤不受雨滴溅蚀,同时增加地表糙率和下渗,从而减少径流总量和降低径流速度,并能形成低洼蓄水区,小区观测的蓄水作用列于表 5-2。由表 5-2 可以看出,多年平均减水 26.8%,但也看到,种草的减水作用比较复杂,表 5-2 中出现增水情况,这是由于种草减水作用的大小主要取决于以下四个因素:一是牧草覆盖度,一些科研单位试验表明,当覆盖度超过 60% 时,才起稳定的减水作用,否则是很小的;二是草地坡度,坡缓作用大,坡陡作用小;三是草地土质,沙区风蚀严重,水蚀轻微, 种草可减轻风蚀, 减水作用不大;四是降水类型,对中雨、小雨减水作用大,对大雨、暴雨减水作用很

表 5-2 坡耕地种草减水效益

牧草名称	试验单位	资料时段(年)	径流量		
			牧草区(m^3/km^3)	对照区(m^3/km^3)	减少(%)
苜蓿	天水水土保持站	1945~1957	5 562	16 272	66.0
草木樨	绥德水土保持站	1955~1960	23 230	30 640	24.2
苜蓿	绥德水土保持站	1959~1963	12 240	29 760	58.9
草木樨	西北农业科学研究所	1983~1986	22 686	20 468	-10.8
苜蓿	西北农业科学研究所	1983~1986	26 549	20 468	-29.7
沙打旺	西北农业科学研究所	1983~1986	15 519	20 468	24.2
沙打旺	准格尔旗站	1983~1984	19 300	32 700	41.0

微，尤其是特大暴雨，陡坡土壤含水量达到饱和时，就会产生泥流，连草带土一起冲走。同时，在相同降水情况下，不同生育阶段、不同覆盖度情况下，其减水作用也是不同的（见表5-3）。由表5-3可以看出，坡耕地种草的减水作用，不仅与牧草的生长情况有关，而且也与农作物的生长情况有关，当牧草覆盖度大于农作物覆盖度时，其减水作用才比较明显。

表5-3　天水站径流小区不同牧草与不同农作物减水作用对比

日期	项目		小冠花	红豆草	沙打旺	苜蓿	红三叶	紫云英	农作物
1988年8月7日	降水量(mm)		98.1	98.1	98.1	98.1	98.1	98.1	98.1
	降水强度(mm/h)		21.1	21.1	21.1	21.1	21.1	21.1	21.1
	径流量	(m^3)	1.515	1.365	0.038	0.729	1.413	0.054	1.593
		(%)	95	86	2	46	89	4	100
	生育阶段		刈割后	二茬初花	现蕾	二茬初花	二茬初花	二茬初花	出苗
	覆盖度(%)		5	40	100	85	55	100	10

5.1.2.2　造林

天然林的减水作用是很大的。据黄委西峰水土保持科学试验站20世纪60年代在甘肃合水子午岭林区观测，林区的王家河流域（流域面积47.1 km^2，森林覆盖度90%）和无林区的党家川流域（流域面积45.7 km^2）相比，在一次降水量11.0～106.8 mm的多次降水中，平均减少径流量37.1%～89.1%。其主要原因，一是天然林生长时间长，郁闭度高，树冠大，能截流较多的降水量。据陕西省黄龙县水土保持监督管理站1963年在黄龙林区的观测，油松、山杨等乔木树种在一次降水中树冠截流量为0.5～11.2 mm，平均截流率为 11.4% ~ 17.4%；灌木树种在一次降水中截流量为 1.45 ~ 11.25 mm，平均截流率为 22.4%；二是林下灌草植物多，枯枝落叶层厚。据山西省水土保持科学研究所利用人工降水对沙棘林的减水、减沙效益进行研究试验的资料，在 45 min 内降水 75.3 mm 条件下，减水效益 85.2%，其中枯枝落叶层的减水效益所占比例最大，为 52.1%（见表 5-4）。

表 5-4　沙棘林减水减沙效益分析

项目		减水效益（%）	减沙效益（%）
总效益		85.2	98.4
分项效益	枝叶占	11.7	2.9
	枯枝落叶占	52.1	64.8
	土壤占	21.4	30.7

注：山西省水土保持科学研究所试验资料。

人工造林的减水作用比天然林小。据天水、西峰、绥德水土保持科学试验站观测结果，人工造林减水效益为 -5% ~ 70%（见表 5-5），其原因主要是林木稀疏，枯枝落叶层少，而要形成一定的郁闭度和一定厚度的枯枝落叶层，必须要有一定的时间，也就是说要有相当的林龄。从表 5-5 中可以看出，1 ~ 5 年林龄的刺槐减水 9.1%，而 6 ~ 14 年林龄的刺槐减水达 40%，也就是说，人工造林减水有一定的滞后性。总之，造林减水作用的大小，主要取决于植被类型、覆盖面积和暴雨情况，还与大面积郁闭林冠和深厚枯枝叶垫层有很大关系。当前林业部门发展径流林业，实行宽沟植树，高标准整地、施肥、蓄足水量，加快林木生长，这无疑会提高人工造林的蓄水保土效益，但从长远来看，提高林地覆盖率和增加枯枝落叶垫层是提高林地减水减沙效益的重要途径。研究表明，当林地覆盖率达 30% 以上时，土壤侵蚀才明显减少，但遭遇较大暴雨时，林地产沙也明显增加,例如位于子午岭林区的葫芦河,1977 年发生了大暴雨,一个汛期的产沙量(390 万 t)比 20 世纪 80 年代 10 年的产沙量还多,这一情况表明,造林也需要进行水土保持。

表 5-5 人工造林减水效益

树种	林龄(年)	试验单位	资料时段(年)	径流量		
				林区(m^3/km^2)	对照区(m^3/km^2)	减少(%)
刺槐	1~5	绥德水土保持科学试验站	1958~1963	1 709	农地 18 792	9.1
刺槐、榆树	6~14	绥德水土保持科学试验站	1958~1963	14 338	农地 23 726	40
刺槐、扬树	1~2	西峰水土保持科学试验站	1955~1957	2 547	荒地 2 428	-5
刺槐、杏树	22~26	西峰水土保持科学试验站	1976~1980	372	荒地 1 259	70
刺槐	7~9	天水水土保持科学试验站	1954~1956	11 566	农地 14 819	22
刺槐	7~9	天水水土保持科学试验站	1954~1956	11 566	苜蓿地 12 205	5.2

5.1.2.3 大面积林草措施减水、减沙作用分析

黄委绥德水土保持科学试验站通过对各地坡面径流场试验资料的系统整理,结合造林、种草的减水机制,引入径流水平和质量

概念，分析得到了径流小区不同质量林草在不同径流水平年的减水指标（见表5-6）。由表5-6可以看出，不同质量林草的减水作用有很大的不同。林地质量主要指覆盖度和枯枝落叶层，有无枯枝落叶层其减水作用是不同的，无枯枝落叶层时，覆盖度不同其减水、减沙作用也是不同的。据调查，在河龙区间，当覆盖度大于70%时枯枝落叶层才较明显，当覆盖度小于70%时，枯枝落叶层不明显或没有，林地减水作用较小。同时，丰、平、枯水年其减水作用也有很大差异，枯水年减水系数较大，丰水年减水系数较小。当前的问题是，将径流小区减水指标移用到大面积计算时需视实际情况加以修正，考虑到径流小区与大面积林草措施质量和管理等方面的差异，当小区观测效益移用到大面积计算时需采用较低质量指标，例如，河龙区间北部和西北部，林草盖度一般都在35%以下，基本无枯枝落叶层，故取林草盖度20%～30%的平均值，根据表5-6中的指标整理出大面积林草减水指标（见表5-7）。由表5-7可以看出，大面积林草措施减水指标为30%～40%。

表5-6　不同质量、不同径流泥沙水平下的林草地减水指标

措施和质量		枯水（>75%）减水（%）	平水（25%～75%）减水（%）	丰水（<25%）减水（%）	多年平均减水（%）
林地	盖度70%	100	100	76.5	94.1
	盖度60%	100	96.5	72.2	91.3
	盖度50%	99.9	90.1	64.2	85.9
	盖度40%	94.0	73.2	48.8	72.3
	盖度30%	80.0	52.0	28.4	53.1
	盖度20%	55.0	26.7	11.1	29.9

续表 5-6

措施和质量		枯水(>75%)减水(%)	平水(25% ~75%)减水(%)	丰水(<25% ~75%)	多年平均减水(%)
草地	盖度 70%	100	96.3	64.8	89.4
	盖度 60%	100	92.6	59.3	86.1
	盖度 50%	98.0	83.7	51.2	79.2
	盖度 40%	86.0	67.8	37.7	64.8
	盖度 30%	72.0	42.7	22.1	44.9
	盖度 20%	45.0	19.5	8.2	23.1

表 5-7　大面积林草措施减水、减沙指标

措施	枯水年(>75%)减水(%)	平水年(25% ~75%)减水(%)	丰水年(<25% ~75%)减水(%)	多年平均减水(%)
林地	67.0	39.0	53.0	42.0
草地	58.0	31.0	15.0	34.0

5.1.3　淤地坝拦蓄径流作用分析

淤地坝是一项重要的水土保持措施,其效益之大,见效之快,是其他措施所不能比拟的。淤地坝的滞洪作用在新修起来时是很大的,随着库容的淤积逐渐减少,但即使库容淤平,也不会完全消失。滞洪可以促使泥沙淤积,也可以削减洪峰流量,减少径流。淤地坝的拦泥和拦洪是同时进行的,拦洪才能拦泥,但淤地坝拦洪的目的是拦泥,所拦的洪水是要排泄出去的,洪水排出后,剩下的是淤泥,因此计算淤地坝的减水量,一般不考虑其蓄水量,只计算淤

泥中的含水量。淤泥的干容重一般为 1.35 ~ 1.4 t/m^3,孔隙率为 0.5,假定含水量是饱和的,即在 1 m^{3}的淤泥中,就含 0.5 m^{3}的水,如果每亩坝地拦 2 000 m^{3}的泥沙,就拦 1 000 m^{3}的洪水,拦蓄作用是很大的。而实际上在淤地坝减水作用计算时,根据黄河水沙变化研究基金项目的成果,通常按每年每公顷坝地拦水 3 000 m^{3}计算。

5.2 水土保持措施对产流产沙机制的影响

黄河中游地区,水土流失严重;而降水特别是高强度的暴雨则是引起水土流失最主要的因素。为改善生态环境,防止水土流失,自 20 世纪 70 年代以来,便开展了大规模的水利水土保持工程建设。流域治理较大程度上改变了流域的下垫面状况,扰乱了流域自然的产流产沙条件,从而也使得产流产沙机制更加复杂。结合黄河中游水利水土保持工程措施的特征及对暴雨产水产沙机制的分析,探讨不同水利水土保持措施对暴雨产流产沙机制的影响,能够为洪水泥沙的计算预测及水利水土保持工程蓄水保土效益的客观定量评价提供一些参考。

5.2.1 水利水保工程措施分类

黄河中游重点水土流失区大面积的水土保持治理不仅要因地制宜,而且还要因时制宜。根据沟坡兼治,工程措施与生物、耕作措施相结合的治理原则,大力种草造林,增加植被覆盖率。同时,兴建干支流坝库工程,实行自上而下的坡面防冲与自下而上的沟道控制方法对黄河中游进行综合治理。治理的主要措施有造林、种草,修建梯田、淤地坝和干支流的坝库工程。

根据这些措施的特征及其拦减水沙的机制,可将它们划分为两种类型:

(1)滞蓄型，主要指造林、种草和作物轮种等措施，这些措施如同一个疏密不一但对水又有一定吸附力的筛子，它不仅可拦截一定的降水、改变雨滴的级配，而且可在一定程度上阻滞降水和径流；其主要特征是增加地表被覆、地表糙率和下渗，减少降水溅蚀，增强土壤抗蚀能力，减少并滞后水沙出流。

(2)拦蓄型，主要包括修建淤地坝和水库等措施，其主要特征是如同一个水盆，具有一定的容量，以直接拦蓄径流泥沙的方式减少流域水土流失量。

5.2.2 黄土高原暴雨产流产沙机制

流域产流产沙计算就是对降水下渗、土壤蒸发及降水溅蚀、地面径流冲蚀等物理过程进行的动态描述；暴雨产流产沙机制旨在揭示暴雨产生径流、泥沙的物理条件。20 世纪初，以霍顿(R. E. Horton)为代表，对降水、蒸发、截流和流域产流产沙等水文现象进行了广泛的研究，并着力于以明了的数学方程来描述产流产沙的物理过程，霍顿在 1933 年明确地提出了下渗理论，指出降水产生径流受控于两个条件：降水强度超过下渗能力和土壤含水量超过田间持水量，并以简明的经验公式表达了地面和地下径流的产流机制。Meyer 和 Wischmeier 将侵蚀过程划分为土壤颗粒分散和泥沙输移两个子过程，并从力学的角度分析了流域的产沙机制，认为流域产沙取决于降水冲击力和地面径流剪切力是否大于土壤颗粒间的结合力。

黄河中游地区降水的时空分布极为不均，降水多集中在 7、8 月，并且常以暴雨的形式出现，一次暴雨的雨峰常集中在几十分钟或几个小时之内。由于该地区土层深厚，土质疏松，包气带缺水量大，植被稀少，加之降水历时短、强度大，因此超渗产流是该地区主要的产流形式；其特点是地面径流所占比重大，地下径流所占比重较小，洪水历时短，洪峰陡涨陡落，洪水过程线基本对称。

高强度暴雨击溅土层，剥蚀地表，使土壤颗粒分散，极易被地面径流冲刷挟带，暴雨和地面径流是该地区产沙的主要动力。由于黄河中游的暴雨集中，因此洪水泥沙也主要产生在7、8月，并且洪水泥沙过程同样具有陡涨陡落的特点。

5.2.3 水利水土保持工程措施对流域产流产沙机制的影响

水利水土保持工程措施的蓄水保土作用主要反映在其对流域产流产沙机制的影响上，不同类型措施拦减水沙的机制不同，如库坝通过直接拦蓄径流泥沙达到蓄水保土的目的，而林草措施则是通过影响流域的下垫面、降水下渗、地表防蚀等途径间接地达到拦减水沙的作用，以下就不同类型措施对降水产流产沙机制的影响分别进行论述。

5.2.3.1 滞蓄型水土保持措施对流域产流产沙机制的影响

滞蓄型水土保持措施（如林、草等）对土壤有良好的改造作用，并通过改变土壤结构而增加土壤中非毛管孔隙率，增强土层的透水性和流域的蓄水能力。因此，这种措施在流域内不同地区的实施，使下渗能力的大小及其空间分布状况都发生了较大改变。下渗能力的增大，必然导致由超渗而产生的地面径流的减小，并且下渗水对土壤含水量的有效补充，可在一定程度上引起地下径流的增加。因此，滞蓄型水土保持措施对产流的影响主要表现在增大了流域的滞蓄量和径流调节能力方面，使产流机制向不利于地表径流产生的方向发展。

较好地处理下渗问题是完成超渗地表径流与地下径流转换的关键；一般来说，流域的下渗问题涉及两个方面，一方面为下渗能力大小的计算，即对下渗曲线的描述；另一方面为对下渗能力在流域内不均匀分布的描述。格林－安普特下渗曲线是 Green－Ampt 根据下渗的物理成因，应用土壤水分运动的理论提出的概念性下渗曲线。为简化计算,包为民教授根据土壤含水量对毛管水压力的影响关系,在忽略地面滞水深条件下,将格林-安普特下渗公式改进为由表示土壤物理特性的参数和土壤蓄水状态的变量表达的方程式:

$$f = f_c\left(1 + K_f \frac{S_{max} - S}{S_{max}}\right) \tag{5-1}$$

式中 f_c——稳定下渗率;

S_{max}——土壤蓄水容量,反映土壤的蓄水特性;

K_f——参数,反映土壤含水量 S 对下渗的定量影响。

改进后的下渗公式其物理意义更加明朗,f_c 和 S_{max} 的变化可反映土壤结构变化对下渗率的影响。显见,随二者的增加下渗率随之增大。根据陕西省黄龙水土保持监督管理站利用人工模拟降水进行的不同土地覆盖类型的试验可知,雨强在 0.03 ~ 5.0 mm/min 时,林地和草地的稳渗率分别为黄土荒坡地的 2.4 ~ 2.9 倍和 1.6 ~ 1.8 倍;并且土壤蓄水容量也有不同程度的增大。因此,滞蓄型水土保持措施作用地区的下渗能力要比非作用地区的高得多;不仅如此,滞蓄型水土保持措施还将重新改写描述流域内下渗能力分布的公式。

降水对地面的冲击力和对地表径流的拖曳力是流域产沙的主要动力。滞蓄型水土保持措施不仅具有改良土壤结构、调节地表径流的作用,而且增加了流域的地表被覆和地表糙率,并且根系对土壤具有良好的固结作用。研究表明,降水溅蚀不仅依赖于降水动能的大小和雨滴的级配,而且在很大程度上取决于下垫面状况;良好的地表植物覆盖,可以有效地拦截降水,避免雨滴对地面的直接冲击,可在很大程度上削弱降水动能,从而减小降水的坡面溅蚀量。一些试验研究认为,土壤溅蚀率与植被覆盖度呈负指数型递减关系,其变率随覆盖度的减小而增大。

地表糙率的增加,不仅可降低地表径流的流速,阻延径流的汇流时间,而且可削弱径流剪切力。一些试验分析表明,林地的粗糙度系数可达裸露地的2.2~7.5倍,其阻延径流时间可达裸露地的1.8~7.7倍,地表径流对泥沙的作用(径流剪切力)可由水流挟沙力来表示,与之相应,径流剪切力与土颗粒间临界剪切力的关系可由水流挟沙力与相应的水流含沙量来表示。Foster 和 Meyer 的研究认为,坡面流侵蚀率依赖于特定的水流条件,其大小正比于坡面流挟沙力与含沙量的差值。因此,滞蓄型水土保持措施在减小地表径流量及其流速的同时,也削弱了地表径流的侵蚀及输沙能力,并且可在一定程度上延缓或阻滞泥沙出流。

5.2.3.2 拦蓄型水土保持措施拦减水沙机制和垮坝溃决条件的分析

由于拦蓄型水土保持措施具有一定的容量,故它可在一定程度上拦蓄地表径流及其挟带的泥沙,从而减少径流和泥沙的流失。并且拦蓄的泥沙逐步淤积,抬高了侵蚀基准面,从而也可以有效地降低径流对土壤的侵蚀;被拦蓄的径流主要消耗于下渗、蒸发和引水灌溉(该部分最终也消耗于蒸发和下渗)。一般来说,坝库拦蓄量的大小取决于坝库的控制面积和坝库的拦蓄能力(坝库容量)。

黄河中游的淤地坝及支流上的小水库,一般都是无调节的;由于泥沙在坝库内淤积,使得坝库容量减小、拦减水沙的能力随之降低;当发生一场强度很大的降水事件时,产生的入库水沙量超过其拦蓄能力,就极有可能发生垮坝事件。决定垮坝事件的因素主要有两个:①由降水产生并进入库坝的地表径流量的大小;②库坝的前期蓄水量和库坝容量。由于泥沙的不断淤积,使得库坝容量成为一个时变量,因此对坝库容量的动态描述,则是判别垮坝事件的关键,分析认为,当下述条件满足时,就会发生垮坝事件:

$$W_{i+1} + Q_{si} \geqslant \alpha W_{max} \tag{5-2}$$

式中 W_{i+1}——前期库坝蓄水量;

Q_{si}——地面径流量;

α——垮坝系数,可在一定程度上反映坝库工程修建的质量;

W_{max}——库坝动态容量,可根据坝库初始容量和入库泥沙量进行动态估算。

根据上述分析可知,如果对入库径流、泥沙和坝库容量予以估计,可以在一定程度上预测垮坝事件。以流域出口控制站的泥沙和径流过程为校核目标来率定计算模型的参数,可以较精确地模拟径流、泥沙过程;但是对库坝容量的估算,由于缺少相应的详细校核目标(实测的坝库容量),故对此的估算可能存在一定的偏差,这在一定程度上也影响了预报垮坝事件的精度。因此,目前只有在搞清产流产沙机制的前提下,通过精确模拟泥沙径流过程,来提高对坝库容量模拟的可信度,并进一步提高预测垮坝事件的精度。

由于水是一种非常活跃的东西,因此当发生垮坝事件时,坝库蓄水量全部出流,冲刷并流失的泥沙量以下泄流量的挟沙能力计算。

水土保持工程措施对暴雨产流产沙机制的影响,基本上可由其"筛子效应"和"泥盆效应"来体现;前者主要说明措施对径流泥沙的削弱调节作用,而措施的拦蓄功能及工程破坏主要由后者来体现。其综合影响的结果是使洪水泥沙过程不但变得较为低矮,而且具有一个较长而厚实的退水过程。

5.3 三川河典型小流域王家沟水保措施的水文效应

5.3.1 王家沟小流域概况

王家沟小流域是三川河支流北川河左岸的一条支沟，位于晋西离石县城北 4 km，属黄土丘陵沟壑区第一副区，流域面积 9.1 km^2，流域内沟坡陡峭，沟壑纵横，有大小沟道 31 条，主沟长 5.6 km，原沟底比降 2.7%，沟壑密度 7.01 km/km^2，沟壑面积占 44%，沟间地占 56%。该流域在晋西黄土丘陵沟壑区具有广泛的代表性。年均降水量 495.1 mm(1955～1989 年平均)，年际变化大，年内分配不均匀，最高年降水量 756.3 mm(1964 年)，最低年降水量只有 243.3 mm(1965 年)，多年平均 6～9 月降水量为 368.0 mm，占年降水量的 72%；短历时暴雨较多，据 1955～1985 年 216 次降水产流统计，历时 3 h 以内的次数占 48.6%，3～10 h 占 33.8%。由于降水集中，且多以暴雨形式出现，水土流失非常严重。治理前年输沙模数为 14 160 t/km^2。未治理的小流域年平均浑水径流模数为 3.67 万 m^3/km^2。

王家沟小流域是以沟道坝系为主综合治理较早的典型小流域，沟道已经形成坝系，坝系必将严重影响沟道的产汇流，王家沟小流域淤地坝坝系如图 5-1 所示。

王家沟小流域沟谷分布示意图如图 5-2 所示。

王家沟小流域经过 40 年的治理，据王小平等的统计，截至 1995 年累计治理面积达 680.31 hm^2，占流域面积的 74.76%，王家沟小流域基本情况如表 5-8 所示。

图 5-1　王家沟小流域淤地坝坝系

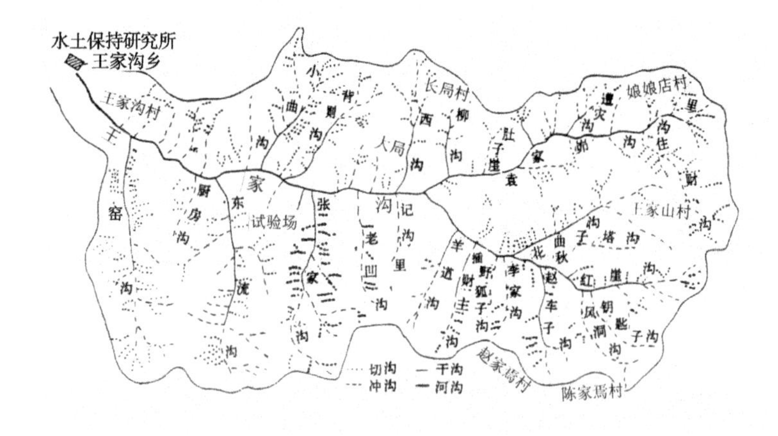

图 5-2　王家沟小流域沟谷分布示意图

表 5-8　王家沟小流域基本情况

名称	所在县	所在支流	流域面积（km^2）	主沟长（km）	主沟比降（%）	沟壑密度（km/km^2）	年均降水（mm）	年均径流总量（万 m^3）	年均径流深（mm）
数量	离石县	三川河	9.1	5.6	2.7	7.01	495.1	25.935	28.5
名称	水平梯田（hm^2）	坝地（hm^2）	乔木林（hm^2）	灌木林（hm^2）	造林小计（hm^2）	种草（hm^2）	改良荒坡（hm^2）	合计（hm^2）	治理程度（%）
数量	230.8	37.27	180.46	165.47	345.93	3.18	63.13	680.31	74.76
名称	淤地坝总库容（万 m^3）	拦泥库容（万 m^3）	滞洪库容（万 m^3）	单坝拦泥（万 t/座）	单坝淤地（hm^2/座）	每亩拦泥（t/亩）	建坝密度（座/km^2）	每平方公里坝地（hm^2/km^2）	坝地与流域面积比
数量	485.2	368.5	116.6	12.47	1.55	5 451	2.6	4.1	1/24.4

5.3.2 根据径流小区的观测资料分析降水和水土保持对径流的影响

在王家沟小流域内的羊道沟、松树梁、官道梁、大局梁、插财主沟布置有各类径流小区，进行不同坡度、不同坡长、不同坡形、不同措施梯田地埂造林种草等的试验。

在王家沟官道梁径流试验场22°坡地上，进行5个人工草地小区试验，不同植被覆盖度对径流影响的试验结果如表5-9所示。

表5-9　王家沟不同植被覆盖度对径流影响的试验结果

降水			试区植被覆盖度（%）	径流深（mm）	减少径流（%）
降水类型	雨量（mm）	雨强（mm/min）			
4次人工模拟降水	176.7	0.94～1.51	0	111.3	
			20	49.9	55.1
			40	51.46	53.8
			60	22.55	79.7
			80	9.64	91.3
9次天然降水	273.5	0.07～0.61	0	93.0	
			20	34.3	63.12
			40	33.62	63.90
			60	21.18	77.20
			80	15.42	83.40

从表5-9中可以看到，当植被覆盖度为20%～40%时，减水率为54%～64%；当植被覆盖度为60%～80%时，减水率为77%～91%。

植被覆盖度与减少径流关系如图5-3所示。

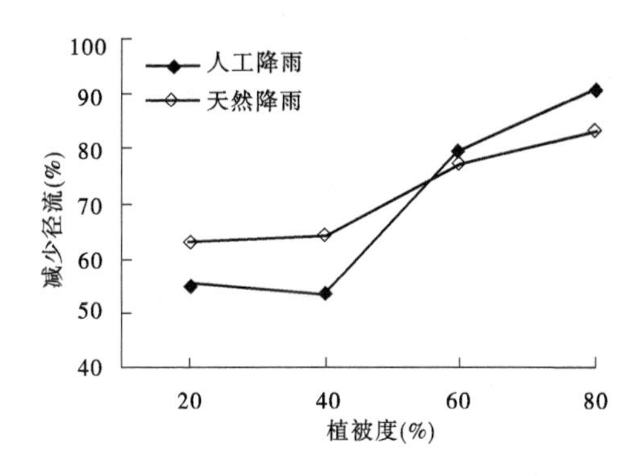

图 5-3　植被覆盖度与减少径流关系

从图 5-3 中可见,在地面坡度、土壤等因素一致的情况下,植被对减少径流的作用随植被覆盖度的增高而增加。

据人工模拟降水试验资料,降水历时为 60 min、降水量为 56. 2 mm、平均雨强为 0. 936 mm/min 时的试验结果,其植被覆盖度对径流的影响如图 5-4 所示。

从图 5-4 中可以得出:

(1)在降水后的 5 ~ 10 min 内裸地径流急剧上升,而植被区的径流却上升得缓慢,体现出植被的截留作用,其作用大小与植被覆盖度的大小呈正相关。

(2)各时段径流量增加的速率,裸地最大,而植被区随植被覆盖度的增加而减缓,植被区地面粗糙度不同,其削减流速和增加土壤入渗的作用也不同。

植被覆盖度与径流减少率关系如图 5-5 所示。

从图 5-5 可看出,径流的减少随产流时间延长而衰减,衰减速度随植被覆盖度的增加而变缓。

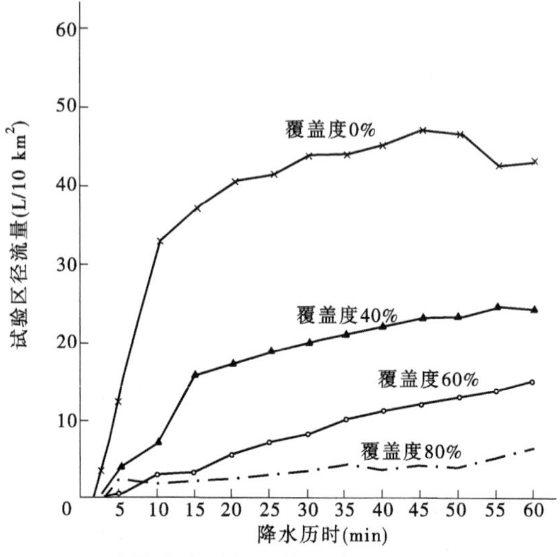

图 5-4 植被覆盖度对径流的影响(1988 年 9 月 6 日)

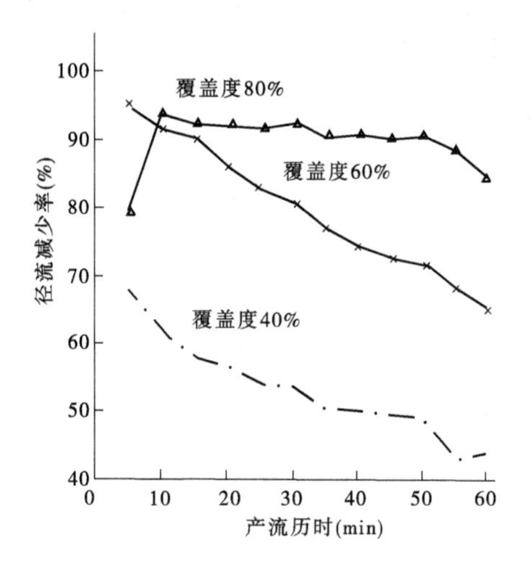

图 5-5 植被覆盖度与径流减少率关系

5.3.3 根据对比沟小流域的观测资料分析降水和水土保持对产汇流的影响

王家沟小流域上游左侧有两条毗邻且流向一致的对比沟:未治理的羊道沟和治理的插财主沟。羊道沟和插财主沟位于黄土丘陵沟壑区第五副区,二者具有基本相似的土壤、地质、地貌条件。羊道沟和插财主沟流域面积分别为 0.206 km^2 和 0.193 km^2。为研究水土保持措施的蓄水拦沙效益,1954 年设定插财主沟为治理沟,对其进行以林草为主多项措施相结合的水土流失综合集中治理,至 1956 年,治理度达到 78.3%,其中坡面水平梯田 1.47 hm^2,林草覆盖度 75%;设定羊道沟为对比沟,其保持天然状态,未进行任何治理,地形地貌与土地利用均保持人为耕垦、随便放牧状态。

由于羊道沟和插财主沟相邻,且流域面积较小,因此认为两个流域的降水条件相同。两个流域自 1956 年开始设站进行水沙监测,1956~1970 年资料统计表明,流域多年平均降水量为 544.2 mm,汛期 6~9 月降水量约占年降水量的 72%;流域的产流产沙源于汛期的几场高强度暴雨,因此径流泥沙也集中在汛期,非汛期由于降水少,且降水强度较弱,基本上没有径流、泥沙产生;羊道沟和插财主沟多年平均年径流模数分别为 27 740 m^3/km^2 和 14 115 m^3/km^2,相应的年泥沙模数多年平均值分别为 20 811 t/km^2 和 8 504 t/km^2。

5.3.3.1 水土保持对年径流的影响

治理与未治理对比沟观测的结果如表 5-10 所示。

表 5-10　1956～1970 年对比沟观测结果

年份	降水量(mm)				径流量(万 m^3/km^2)		减水量	
	全年	汛期	产流		羊道沟	插财主沟	(万 m^3/km^2)	(%)
			羊道沟	插财主沟				
1956	569.3	432.3	47.6	22.4	1.35	0.59	0.76	56.3
1957	367.5	227.5	69.7	65.7	0.73	0.24	0.49	67.1
1958	590.0	398.6	241.4	229.1	4.01	2.11	1.900	47.4
1959	643.0	513	416.3	429.1	7.77	4.18	3.590	46.2
1960	464.8	303.8	96.0	99.4	0.69	0.31	0.38	55.1
1961	625.8	349.2	27.8	27.8	0.07	0.03	0.040	57.1
1962	564.7	464.3	182.4	168.9	2.29	1.38	0.910	39.7
1963	732.7	465.3	297.4	300.7	3.56	1.99	1.570	44.1
1964	756.3	486.4	286.5	284.3	1.61	0.46	1.150	71.4
1965	243.3	130.7	15.3	15.3	0.02	0.003	0.017	85.0
1966	665.3	577.4	289.5	278.2	6.82	3.23	3.590	52.6
1967	492.8	437	140.2	140.2	2.16	1.0	1.160	53.7
1968	437.1	273.1	77.2	51.9	0.79	0.08	0.710	89.9
1969	637.8	506.8	254.6	251.3	9.45	3.22	6.230	65.9
1970	371.8	293.7	90.1	64.0	1.79	0.85	0.940	52.5
平均	544.2	390.6	168.8	161.9	2.874	1.312	1.562	54.4

从表 5-10 中可见,同一年两沟的降水条件完全相同,治理的插财主沟有显著的减水效益,不同年如降水量基本相同,若降水强度不同,减水效益就不相同,在降水条件不同时,其减水效益也明显不同。减水效益的大小与降水量,降水强度,水土保持措施的种类、质量、数量及其配置有关。枯水年效益较大,丰水年效益较小。

如1963年和1965年估计水土保持措施不会有很大的变化，但1963年为丰水年，1965年为枯水年，两年的减水效益大不相同，丰水的1963年的减水效益为44.1%；而枯水的1965年的为85.0%。

从图5-6～图5-9中可看出：两条流域的降水量和径流量的关系差别很大，在降水量完全相同的情况下，治理的插财主沟因有水土保持措施，径流量明显减小。

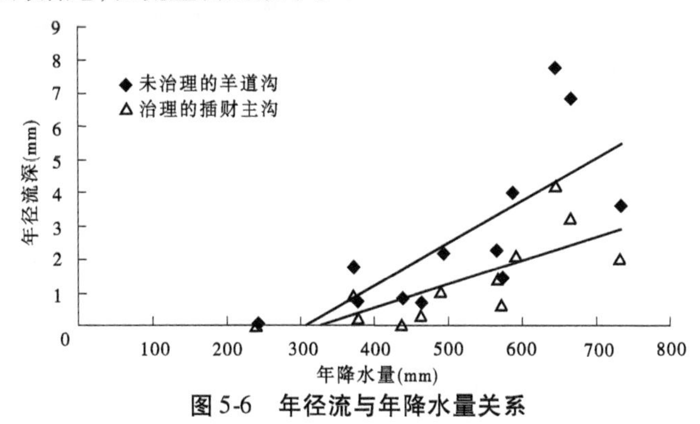

图5-6　年径流与年降水量关系

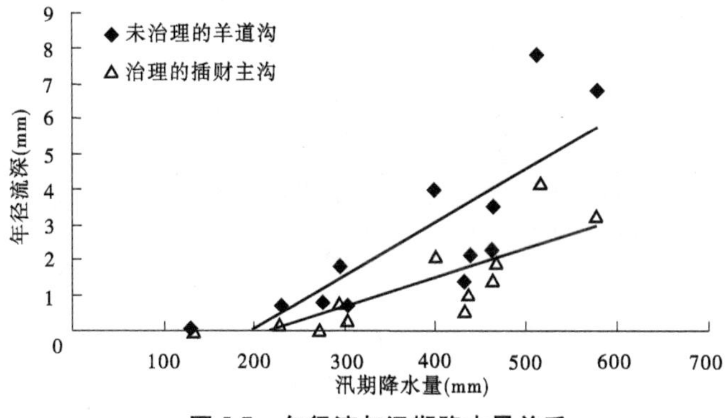

图5-7　年径流与汛期降水量关系

未治理的羊道沟与治理的插财主沟年径流对比如图5-9所示。

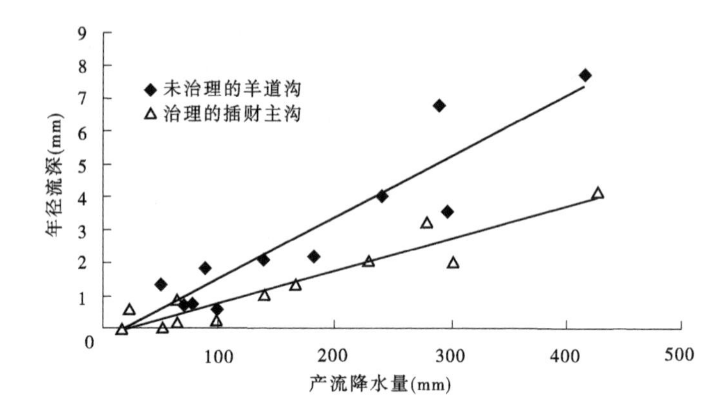

图 5-8　年径流与产流降水量关系

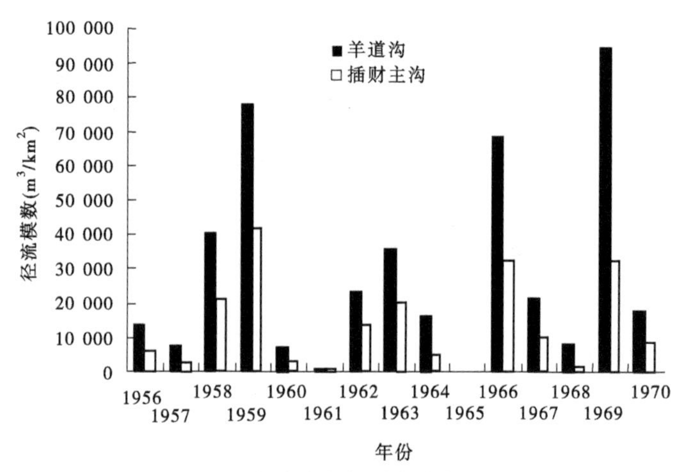

图 5-9　羊道沟与插财主沟年径流对比

图 5-10 为羊道沟和插财主沟的降水量和径流模数变化，从图 5-10中可看出：在降水量较小时，两条流域的径流模数差别较小；在降水量较大时，径流模数差别较大。

以治理的插财主沟资料为受降水和水土保持影响的结果，如

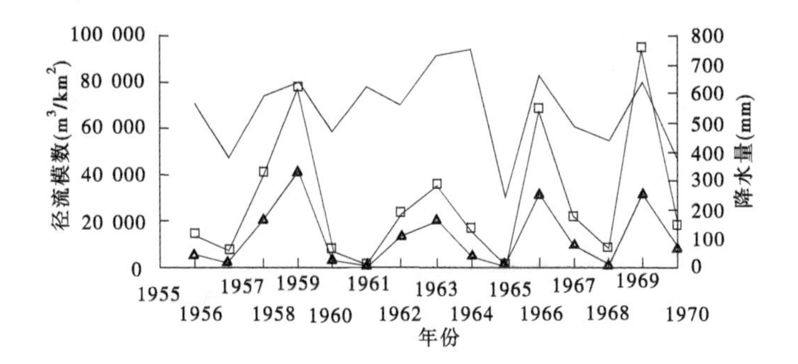

图 5-10　羊道沟和插财主沟的降水量和径流模数变化

以羊道沟为治理前的情况,插财主沟为治理后的情况,同一年降水量相同,则其径流差值便是水土保持的影响量,如表 5-10 所示。

从表 5-10 中可见水土保持的减水效益,是随降水量大小而变化,降水量大时效益小,降水量小时效益大。

不同年降水量的水土保持对径流的影响如图 5-11 所示。

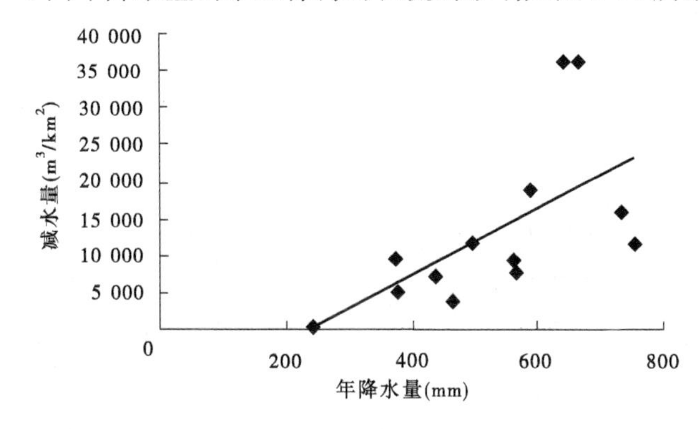

图 5-11　不同年降水量的水土保持对径流的影响

不同产流降水量的水土保持对径流量的影响如图 5-12 所示。

插财主沟降水量的单位径流见表 5-11。

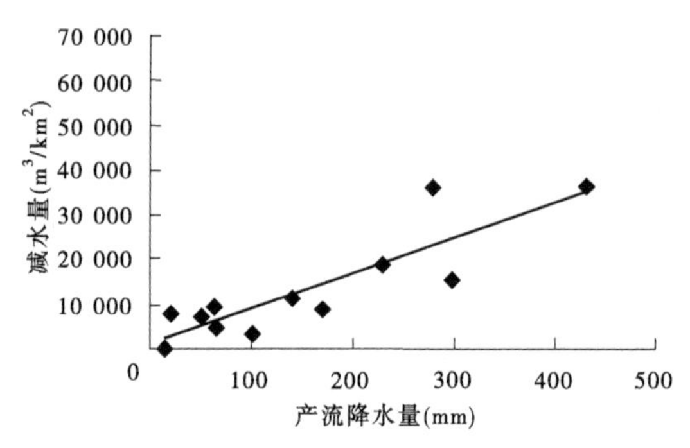

图 5-12 不同产流降水量的水土保持对径流量的影响

表 5-11 插财主沟降水量的单位径流量

年份	年降水量(mm)	产流降水量(mm)	径流量(m^3/km^2)	年降水量的单位径流量[$m^3/(km^2 \cdot mm)$]	产流降水量的单位径流量[$m^3/(km^2 \cdot mm)$]
1956	569.3	22.4	5 900	10.36	123.95
1957	376.5	65.7	2 400	6.37	34.43
1958	590.0	229.1	21 100	35.76	87.41
1959	643.0	429.1	41 800	65.01	100.41
1960	464.8	99.4	3 100	6.67	32.29
1961	625.8	27.8	300	0.48	
1962	564.7	168.9	13 800	24.44	75.66
1963	732.7	300.7	19 900	27.16	66.91
1964	756.3	284.3	4 600	6.08	
1965	243.3	15.3	30	0.12	1.96
1966	665.3	278.2	32 300	48.55	111.57
1967	492.8	140.2	10 000	20.29	71.33
1968	437.1	51.9	800	1.83	10.36
1969	637.8	251.3	32 200	50.49	
1970	371.8	64.0	8 500	22.86	94.34

插财主沟年降水量的单位产流量与年降水量的关系如图5-13所示,产流降水量的单位产流量与产流降水量的关系如图5-14所示。

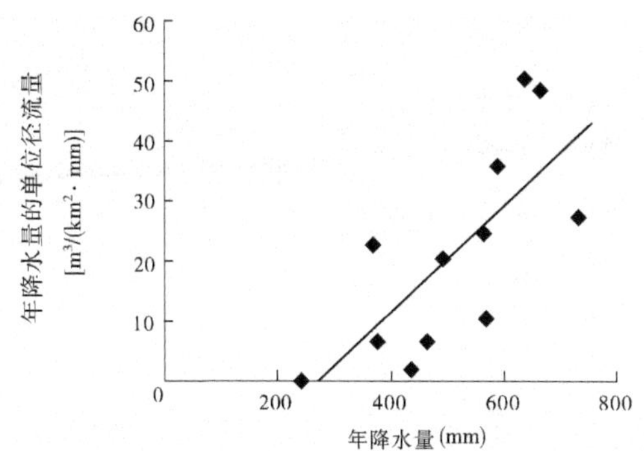

图5-13 插财主沟年降水量的单位径流量与年降水量的关系

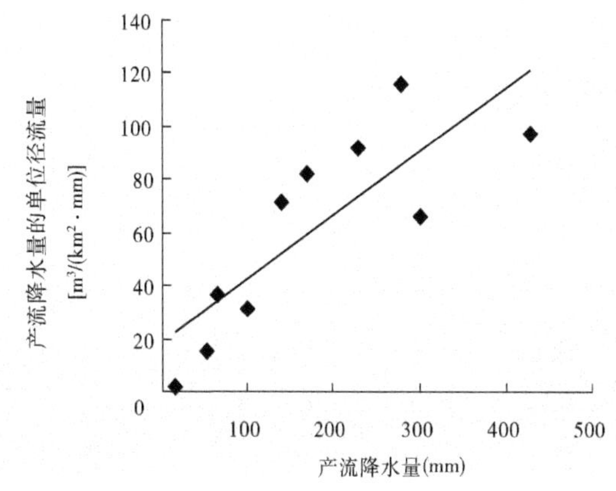

图5-14 插财主沟产流降水量的单位径流量与产流降水量的关系

5.3.3.2 降水对径流的影响

未治理的羊道沟只受降水影响的结果,羊道沟降水量单位产流量如表5-12所示。

表 5-12　羊道沟降水量单位产流量

年份	年降水量（mm）	产流降水量（mm）	径流量（m^3/km^2）	年降水量的单位径流量［$m^3/(km^2 \cdot mm)$］	产流降水量的单位径流量［$m^3/(km^2 \cdot mm)$］
1956	569.3	47.6	13 500	23.71	283.61
1957	376.5	69.7	7 300	19.39	104.73
1958	590.0	241.4	40 100	67.97	166.11
1959	643.0	416.3	77 700	120.84	186.64
1960	464.8	96		14.85	71.88
1961	625.8		6 900 700		
1962	564.7	182.4	22 900	40.55	125.55
1963	732.7	297.4	35 600	48.59	119.70
1964	756.3		16 100		
1965	243.3	15.3	200	0.82	13.07
1966	665.3	289.5	68 200	102.51	235.58
1967	492.8	140.2	21 600	43.83	154.07
1968	437.1	77.2	7 900	18.07	102.33
1969	637.8		94 500		
1970	371.8	90.1	17 900	48.14	198.67

羊道沟年降水量的单位产流量与年降水量的关系如图 5-15 所示，羊道沟产流降水量的单位径流量与产流降水量的关系如图 5-16 所示。

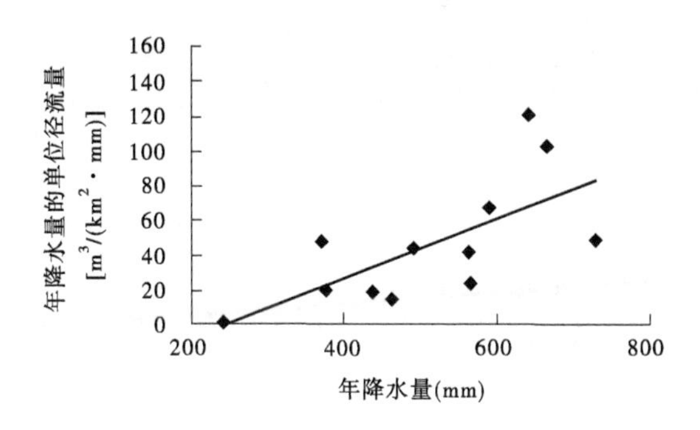

图 5-15　羊道沟年降水量的单位径流量与年降水量的关系

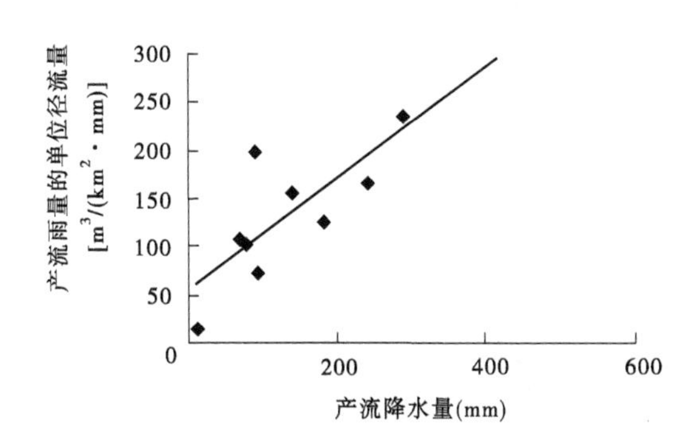

图 5-16　羊道沟产流降水量的单位径流量与产流降水量的关系

从图 5-15、图 5-16 可见,其关系并不很密切,可能还与降水强度等有关。

5.3.3.3　水土保持对次暴雨洪水径流的影响

以治理的插财主沟的洪水资料为受水土保持和降水影响的结果,点绘插财主沟历年的次降水量与洪水径流深的关系,如图 5-17 所示。点绘插财主沟历年的次降水量与洪峰流量的关系,如图 5-18 所示。

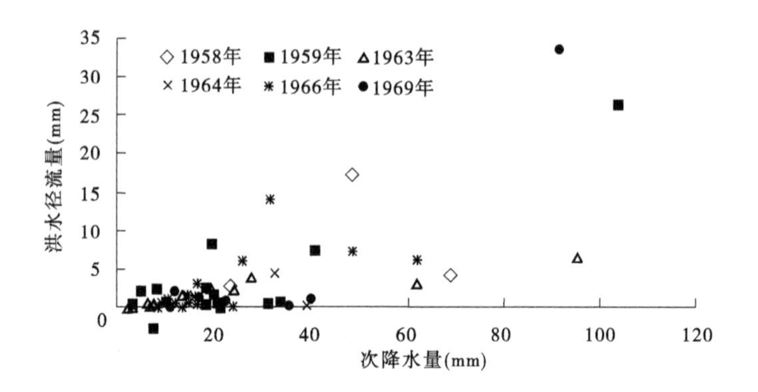

图 5-17　插财主沟次降水量与洪水径流深的关系

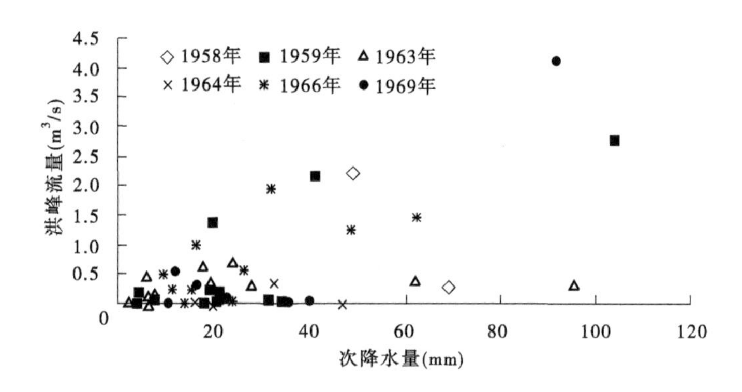

图 5-18　插财主沟次降水量与洪峰流量的关系

从图 5-17 和图 5-18 看不出 1958～1969 年次降水量与洪水径流深和洪峰流量的关系有明显的变化，说明插财主沟经过 10 多年连续治理后，治理度已达到 78.3%，措施对洪水的影响还不明显，究竟是什么原因尚需进一步分析。

点绘非治理沟羊道沟的次降水量与洪水径流深的关系，如图 5-19 所示。

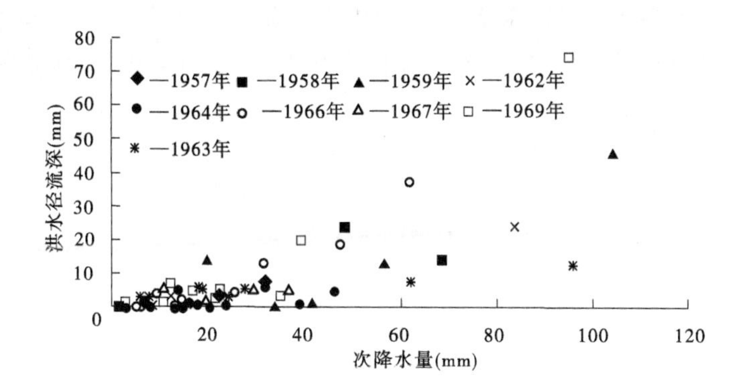

图 5-19　羊道沟次降水量与洪水径流深的关系

从图 5-19 可见,未治理的羊道沟 10 多年前后,次降水量与洪水径流深关系无明显变化。

点绘治理的插财主沟与未治理的羊道沟次降水量与洪水径流深关系,如图 5-20 所示。

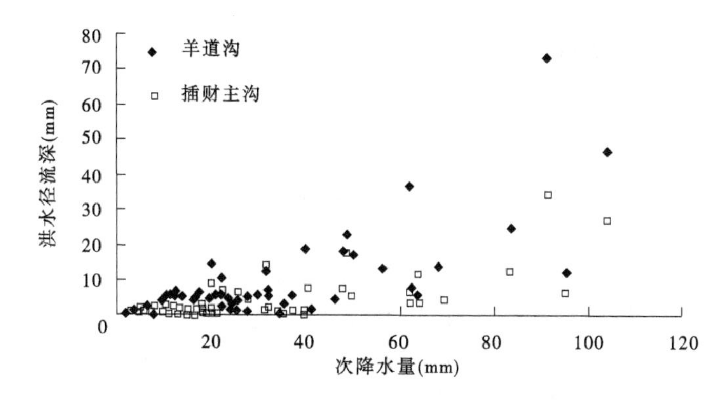

图 5-20　插财主沟与羊道沟的次降水量与洪水径流深的关系

从图 5-20 可见，未治理的羊道沟与治理的插财主沟 10 多年前后，次降水量与洪水径流深关系已明显发生变化，相同的降水量条件下，治理的插财主沟洪水径流深已经减小。

据蔡强国等的分析，对每次暴雨来说，未治理的羊道沟与治理的插财主沟之间，径流深有明显的线性相关关系：

$$Q_{羊} = 0.913 + 1.826Q_{插} \quad (5\text{-}3)$$

相关系数 $r = 0.925$，样本数 $n = 89$。

由式(5-3)可知，大暴雨发生时，插财主沟的径流深减少更加显著。

现采用次降水的洪水径流深，点绘未治理的羊道沟与治理的插财主沟径流深的关系，如图 5-21 所示。

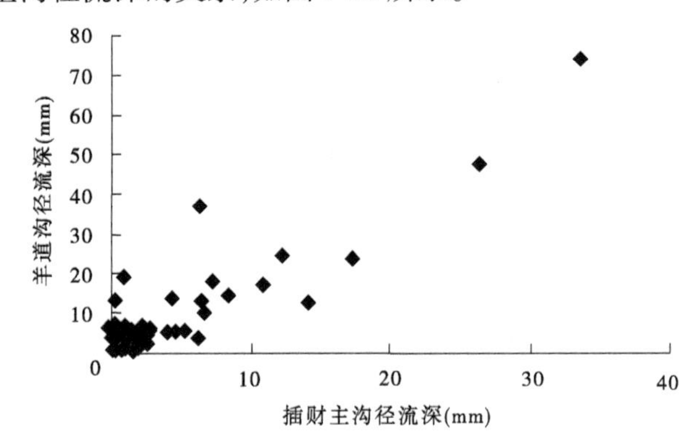

图 5-21　未治理的羊道沟与治理的插财主沟径流深的关系

从图 5-21 可见，治理的插财主沟洪水径流深显著减少。

5.3.3.4　**暴雨和水土保持对洪水产汇流特性的影响**

根据实测的资料，将对比沟在不同年份的暴雨和水土保持对次暴雨洪水产汇流特性的影响统计如表 5-13 所示。

表 5-13　对比沟在不同年份的暴雨和水土保持对次暴洪水产汇流特性的影响统计

年份	沟名	洪水日期		前期影响雨量(mm)	降雨					径流				洪峰				水保治理度(%)
		月	日		开始时间(时:分)	雨量(mm)	累计历时(min)	平均强度(mm/h)	30 min 强度(mm/h)	洪水起点(min)	洪水结束(min)	持续时间(min)	径流深(mm)	径流系数(%)	最大流量(m^3/s)	出现时间(min)	洪峰模数[$m^3/(s \cdot km^2)$]	
1956	羊道沟	8	25	7.6	07:40	22.4	530	2.54		221	570	349	10.4	46.4	0.77	475	3.752	0
	插财主沟	8	25	7.7	07:40	22.4	530	2.54	16.8	110	550	440	6.6	29.3	0.51	471	2.617	50
	水保作用差值									111	20	-91	3.8	17.1	0.27	4	1.135	
	水保减少(%)									50.2	3.51	-26	36.54	36.9	34.7	0.84	30.2	
1957	羊道沟	8	13	0	06:50	32.2	70	27.76	18	23	111	88	7.4	22.7	1.57	55	7.617	0
	插财主沟	8	13	0	06:50	32.2	70	27.8	18	23	92	69	1.7	5.3	0.33	52	1.72	55
	水保作用差值									0	19	19	5.7	17.4	1.24	3	5.897	
	水保减少(%)									0	17.1	21.6	77.03	76.7	78.8	5.45	77.4	
1958	羊道沟	7	15	18	20:00	68.3	813	4.61	34.2	297	818	593	14	20.5	1.9	403	9.218	0
	插财主沟	7	15	31.7	20:00	58.4	670	4.49	34.2	370	670	300	4.1	5.8	0.28	402	1.456	55
	水保作用差值									-73	148	293	9.9	14.7	1.62	1	7.762	
	水保减少(%)									-25	18.1	49.4	70.71	71.7	85.2	0.25	84.2	
	羊道沟	7	29	17.5	06:27	48.7	255	11.5	4	4	513	509	23.3	47.8	3.33	107	16.141	0
	插财主沟	7	29	19.4	06:27	48.7	255	11.5	4	3	171	168	17.4	35.7	2.23	47	11.544	55
	水保减少(%)									25	0	67	25.32	25.3	33	56.1	28.4	

续表 5-13

年份	沟名	洪水日期		前期影响雨量(mm)	降雨					径流				洪峰				水保治理度(%)
		月	日		开始时间(时:分)	雨量(mm)	累计历时(min)	平均强度(mm/h)	30 min强度(mm/h)	洪水起点(min)	洪水结束(min)	持续时间(min)	径流深(mm)	径流系数(%)	最大流量(m^3/s)	出现时间(min)	洪峰模数[$m^3/(s \cdot km^2)$]	
1959	羊道沟	7	30	6.3	17:25	21.1	70	18	41.2	0	102	101	5.2	24.6	1.3	18	6.291	0
	插财主沟	7	30	8.3	17:25	21.1	70	18.1	41.2	7	78	71	0.4	2.1	0.15	18	0.762	60
	水保作用差值									-7	24	30	4.8	22.5	1.15	0	5.529	
	水保减少(%)										23.5	29.7	92.31	91.5	88.7	0	87.9	
	羊道沟	8	20	65.1	00:20	104	1 140	6.86	26.01	107	2 640	2 533	46.71	44.8	3.325	556	16.141	0
	插财主沟	8	20	22.4	00:20	104	1 140	6.86	26.01	107	3 480	3 374	26.4	25.4	2.75	559	14.223	60
	水保作用差值									0	-840	-841	20.31	19.4	0.58	-3	1.918	
	水保减少(%)									0	-32	-33	43.48	43.3	17.4	-0.5	11.9	
1962	羊道沟	7	15	30.5	20:20	83.6	635	8.53	12.4	235	675	440	24.8	29.7	3.15	389	15.272	0
	插财主沟	7	15	44.8	20:20	83.6	635	7.9	22.4	240	820	580	12.2	14.6	1.34	394	6.943	65
	水保作用差值									-5	-145	-140	12.6	15.1	1.81	-5	8.33	
	水保减少(%)									-2.1	-21	-32	50.8	50.8	57.5	-1.3	54.5	

续表 5-13

年份	沟名	洪水日期		前期影响雨量(mm)	降雨					径流				洪峰				水保治理度(%)
		月	日		开始时间(时:分)	雨量(mm)	累计历时(min)	平均强度(mm/h)	30 min强度(mm/h)	洪水起点(min)	洪水结束(min)	持续时间(min)	径流深(mm)	径流系数(%)	最大流量(m^3/s)	出现时间(min)	洪峰模数[$m^3/(s \cdot km^2)$]	
1963	羊道沟	7	5	82.8	19:20	95.5	860	7.2	20	430	860	430	12.7	13.3	0.77	536	3.752	0
	插财主沟	7	5	5.2	19:20	95.5	860	6.96	20	388	767	481	6.4	6.6	0.28	540	1.456	65
	水保作用差值									42	93	-51	6.3	6.7	0.49	-4	2.296	
	水保减少(%)									9.77	10.8	-12	49.61	50.4	63.6	-0.7	61.19	
1966	羊道沟	7	17	41.9	21:10	62	290	14.9	42.1	44	260	216	37	59.5	6.68	51	32.417	0
	插财主沟	7	17	43		62	290	14.9	42.6	46	215	179	6.3	10.2	1.43	186	7.409	75
	水保作用差值									-2	45	37	30.7	49.3	5.25	-135	25.008	
	水保减少(%)									-4.5	17.3	17.1	82.97	82.9	78.6	-265	77.1	
1966	羊道沟	8	14	56.1	00:27	31.8	113	21.2	28	47	153	106	12.3	38.7	3.45	114	16.733	0
	插财主沟	8	14	62.7	00:27	31.8	113	21.2	28	58	136	78	14.2	44.7	1.9	113	9.839	75
	水保作用差值									-11	17	28	-1.9	-6	1.55	1	6.894	
	水保减少(%)									-23	11.1	26.4	-15.4	-16	44.9	0.88	41.2	

续表 5-13

年份	沟名	洪水日期		前期影响雨量(mm)	降雨					径流				洪峰				水保治理度(%)
		月	日		开始时间(时:分)	雨量(mm)	累计历时(min)	平均强度(mm/h)	30 min强度(mm/h)	洪水起点(min)	洪水结束(min)	持续时间(min)	径流深(mm)	径流系数(%)	最大流量(m^3/s)	出现时间(min)	洪峰模数[$m^3/(s\cdot km^2)$]	
1967	羊道沟	7	17	19.5	19:20	37.5	120	18.8	46.8	80	118	38	5.5	14.7	1.43	100	6.942	0
	插财主沟	7	17			37.5	120	18.8	23.5	85	160	75	0.9	2.4	0.23	101	1.207	75
	水保作用差值									-5	-42	-37	4.6	12.3	1.2	-1	5.735	
	水保减少(%)									-6.3	-36	-97	83.64	83.7	83.7	-1	82.61	
1969	羊道沟	7	5	24.7	19:00	40	600	4	16.2	245	598	353	19.3	48.3	0.33	568	1.612	0
	插财主沟	7	5		19:00	40	600	4	10	310	645	335	0.9	2.3	0.03	609	0.139	78
	水保作用差值									-65	-47	18	18.4	46	0.31	-41	1.473	
	水保减少(%)									-27	-7.9	5.1	95.34	95.2	91.9	-7.2	91.38	
1969	羊道沟	7	26	17.3	20:00	91.6	360	15.3	34	93	420	327	74	80.8	4.85	307	23.544	0
	插财主沟	7	26		20:00	91.6	360	15.3	0.2	95	420	325	33.6	36.7	4.08	314	21.14	78
	水保作用差值									-2	0	2	40.4	44.1	0.77	-7	2.404	
	水保减少(%)									-2.2	0	0.61	54.59	54.6	15.9	-2.3	10.21	
1970	羊道沟	8	9	49.5	23:45	50	190	15.8	35.6	15	255	221	17.3	34.6	1.43	135	6.942	0
	插财主沟	8	9		23:45	64	190	21.3	35.6	55	203	148	11	17	0.63	83	3.285	78
	水保作用差值									-40	52	73	6.3	17.6	0.8	52	3.657	
	水保减少(%)									-267	20.4	33	36.42	50.9	55.7	38.5	52.68	

从表 5-13 中可见：由于水土保持的作用，插财主沟比羊道沟的洪水起点时间延长，持续时间缩短，径流深和径流系数减小，最大流量和洪峰模数也减小。但由于降水条件不完全一致，有些测次的时距出现不明显现象。

对比沟在同一次暴雨下所产生的洪水过程线如图 5-22 ~ 图 5-30 所示。

1956 年 8 月 25 日暴雨和洪水过程线如图 5-22 所示；1957 年 8 月 13 日暴雨和洪水过程线如图 5-23 所示。

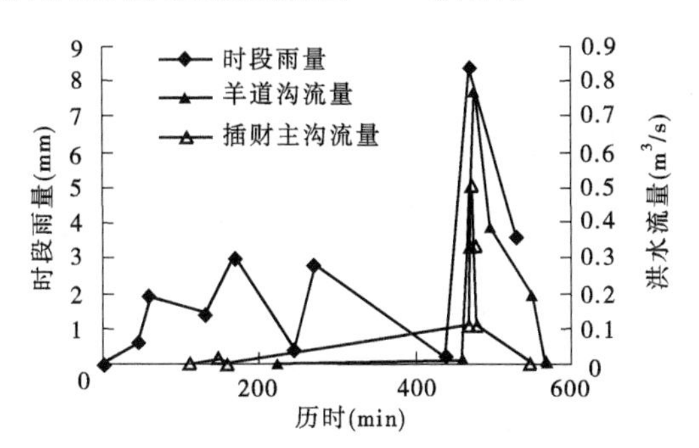

图 5-22　1956 年 8 月 25 日暴雨和洪水过程线

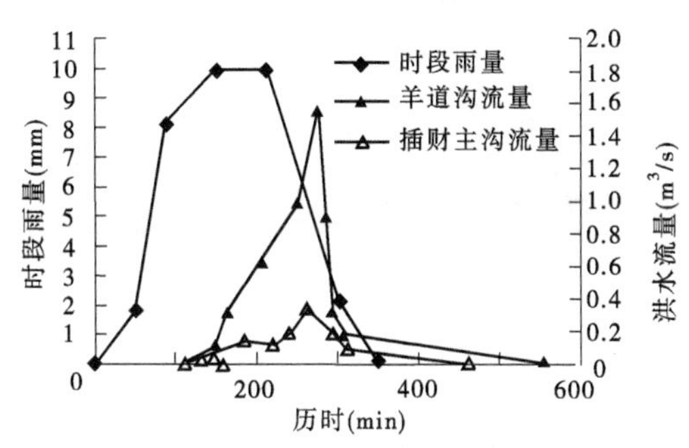

图 5-23　1957 年 8 月 13 日暴雨和洪水过程线

1958 年 7 月 29 日暴雨和洪水过程线如图 5-24 所示；1959 年 8 月 20 日暴雨和洪水过程线如图 5-25 所示。

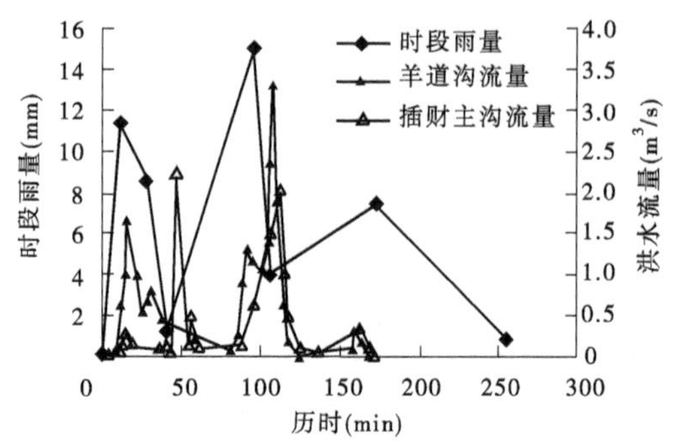

图 5-24　1958 年 7 月 29 日暴雨和洪水过程线

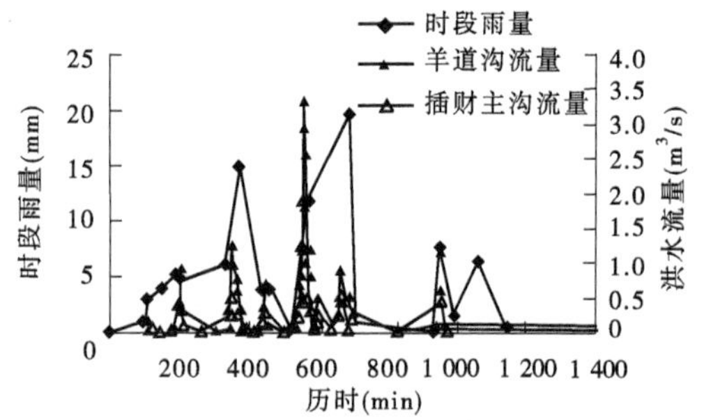

图 5-25　1959 年 8 月 20 日暴雨和洪水过程线

1962 年 7 月 15 日暴雨和洪水过程线如图 5-26 所示;1963 年 7 月 5 日暴雨和洪水过程线如图 5-27 所示。

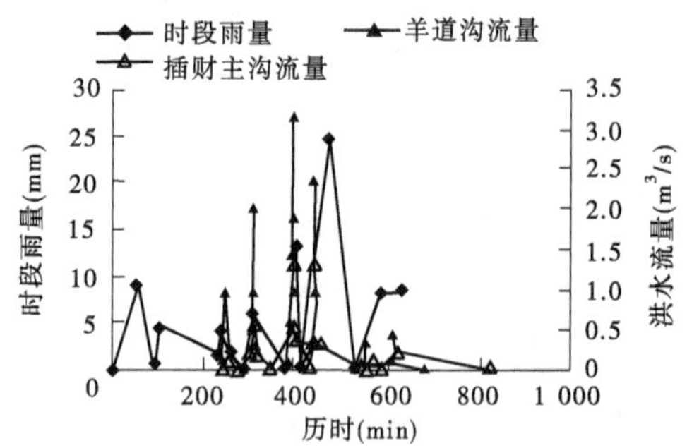

图 5-26　1962 年 7 月 15 日暴雨和洪水过程线

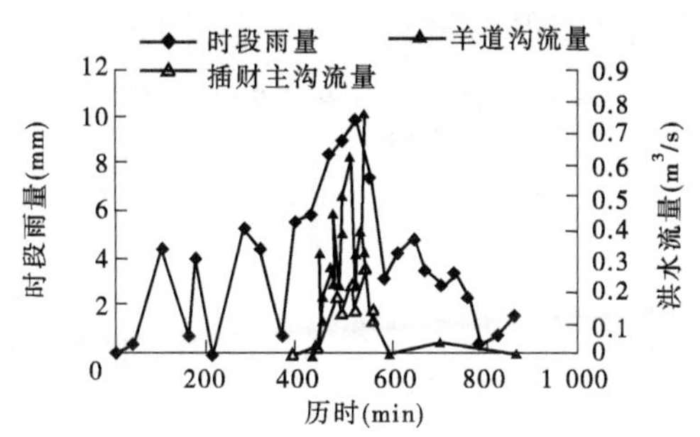

图 5-27　1963 年 7 月 5 日暴雨和洪水过程线

1966 年 7 月 17 日暴雨和洪水过程线如图 5-28 所示;1967 年 7 月 17 日暴雨和洪水过程线如图 5-29 所示。

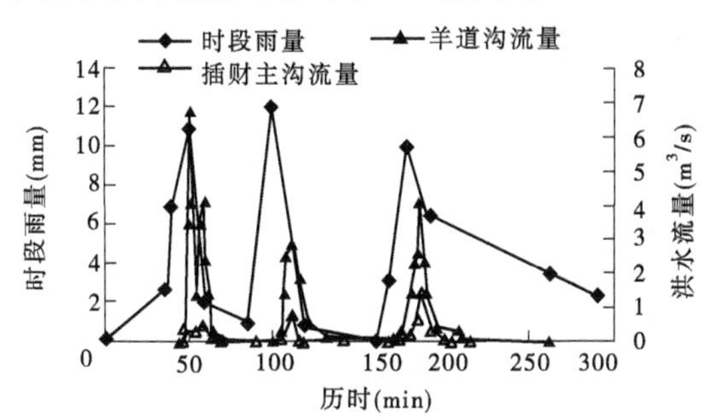

图 5-28　1966 年 7 月 17 日暴雨和洪水过程线

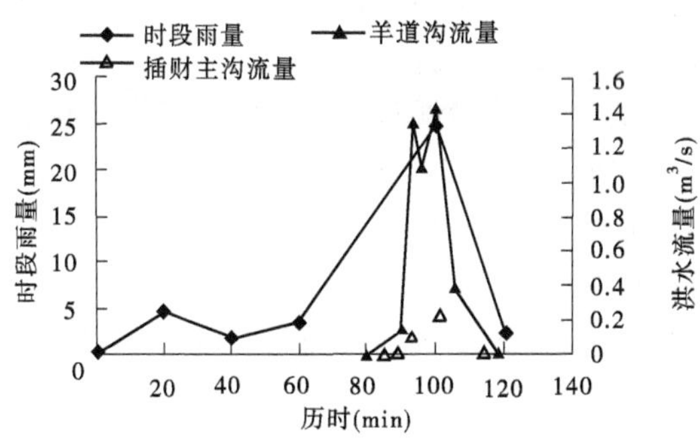

图 5-29　1967 年 7 月 17 日暴雨和洪水过程线

1969 年 7 月 5 日暴雨和洪水过程线如图 5-30 所示。

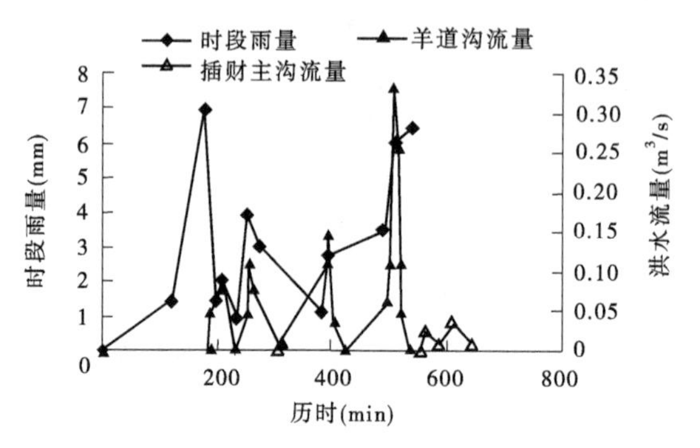

图 5-30　1969 年 7 月 5 日暴雨和洪水过程线

从图 5-22 ~ 图 5-30 和表 5-13 中的情况来看,在同一次暴雨中,有无水土保持措施的作用,其产汇流的特性明显不同,对比表 5-13中的数量和图 5-22 可得,在治理初期,对比沟的水土保持措施差别不是很大。对比沟的产汇流的特性差别就小些。对比表 5-13中的数量和图 5-23 ~ 图 5-25 可得在治理中期,治理度达 50% ~60% 时,两条对比沟的差别开始增大。对比表 5-13 中的数量和图 5-28、图 5-29 可得在治理后期,治理度达 78% 左右时,两条对比沟的差别明显增大。如在 1969 年 7 月 5 日降水量为 40 mm 时,水土保持的治理度为 78% ,洪水起涨时间推迟 65 min,洪水结束时间延长 47 min,最大流量减小 0. 31 m^3/s,只有未治理沟的 8. 1% 。对比沟水土保持措施对洪水产汇流特性变化如表 5-14 所示。水土保持对洪水的影响比较复杂,因为影响一次洪水的因素除水土保持措施外,还有降水量和前期雨量的大小、暴雨的雨型、暴雨强度等的影响。

从表 5-14 可绘出水保治理度与径流深和洪峰模数减少的关系,如图 5-31 所示。

表 5-14　对比沟水土保持措施对洪水产汇流特性变化

年份	水保治理度（%）	径流					洪峰			水保治理度（%）
		洪水起点（min）	洪水结束（min）	洪水持续时间（min）	径流深（mm）	径流系数（%）	最大流量（m^3/s）	出现时间（min）	洪峰模数［$m^3/(s \cdot km^2)$］	
1956	50	50.2	3.51	−26	36.54	36.9	34.7	0.84	30.2	50
1957	55	0	17.12	21.6	77.03	76.65	78.84	5.455	77.42	55
1958	55	25	0	67	25.32	25.31	32.99	56.1	28.48	55
1959	60	0	−32	−33	43.48	43.3	53.1	−0.5	49.9	60
1962	65	−2.13	−21.48	−31.8	50.81	50.84	57.46	−1.29	54.54	65
1963	65	9.77	9.77	−11.9	49.61	50.38	63.65	−1	61.19	65
1966	75	−4.55	−4.55	17.1	82.97	82.86	78.59	−265	77.15	75
1967	75	−6.3	−36	−97	83.6	83.7	83.7	−1	82.61	75
1969	78	−27	−7.9	5.1	95.34	95.24	91.87	−7.2	91.38	78

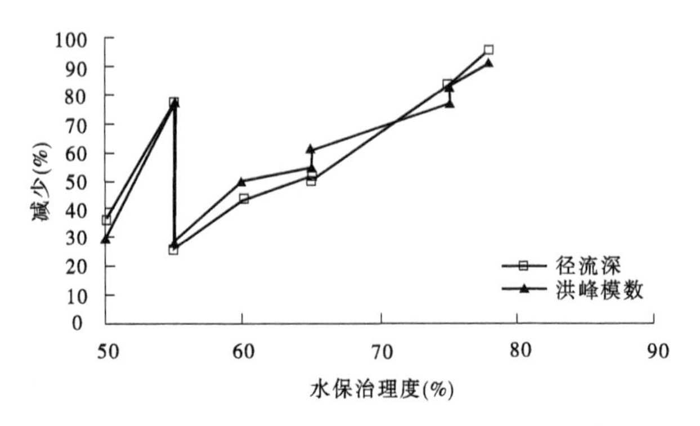

图 5-31　水保治理度与径流深和洪峰模数减少的关系

图 5-31 中左数第 2 个点，经查为 57 - 8 - 13 的点，其前期影响雨量为“0”，平均雨强为 27.8 mm/min，降水只有 70 min 的短历时暴雨，措施拦蓄能力强，因此减少量很高。

羊道沟是没有进行任何治理措施的小流域，只有不同降水的影响，其洪水过程线如图 5-32 ~ 图 5-35 所示。

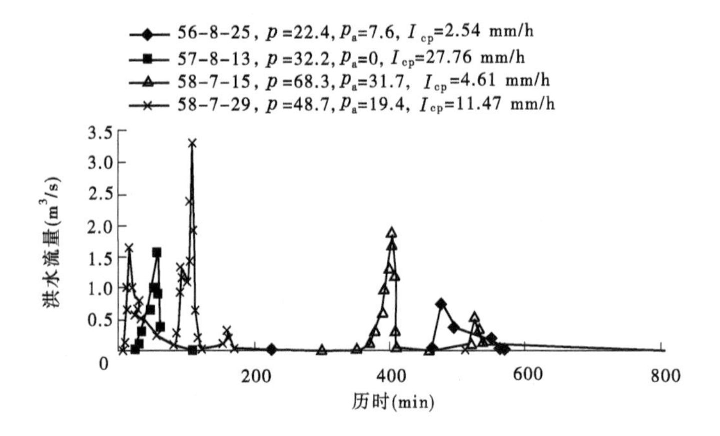

图 5-32　56 - 8、57 - 8、58 - 7 洪水过程线

从图 5-32 ~ 图 5-35 可见：只有降水的影响产汇流也是很复杂

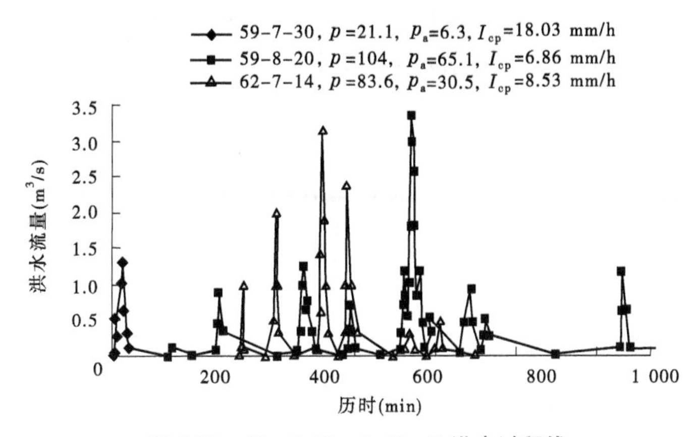

图 5-33　59－7、59－8、62－7 洪水过程线

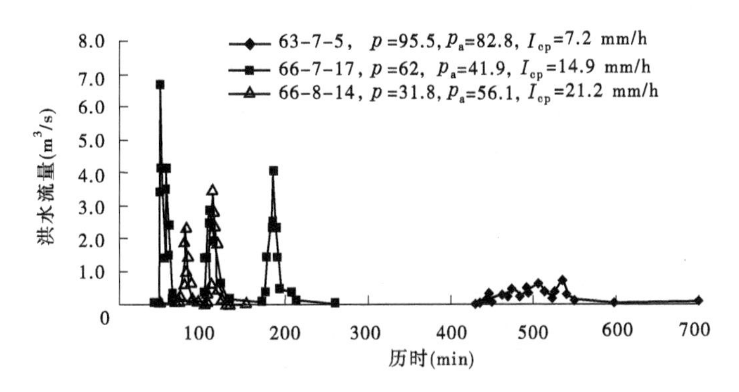

图 5-34　63－7、66－7、66－8 洪水过程线

的，一般是降水量大的洪水流量也大，但若平均雨强小，其洪水流量就很小，如图 5-34 所示中的 63－7－5，其降水量为 95.5 mm，由于平均雨强比较小，其洪水流量比同图其他时段的都小。因为除降水量外，还有前期雨量的大小、暴雨的雨型、暴雨强度等的影响。

羊道沟是没有水土保持措施的小流域，选取几场短历时单峰流量过程，以此说明前期雨量的大小和暴雨的雨型对洪水过程的影响。

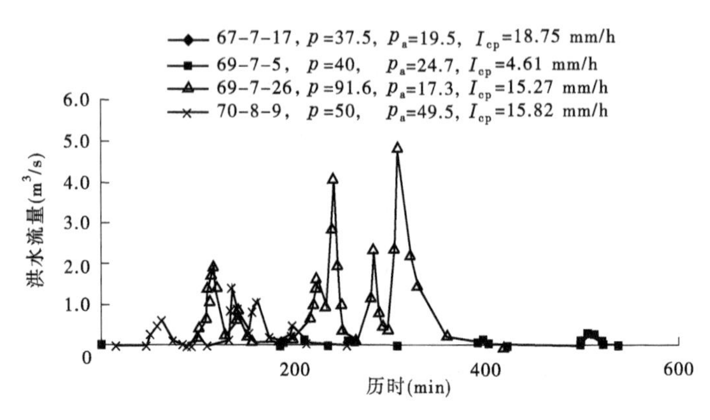

图 5-35　67－7、69－7、70－8 洪水过程线

1957 年 8 月 13 日是前期雨量为“0”的暴雨过程线,其洪水起涨点延缓 21 min,如图 5-36 所示。

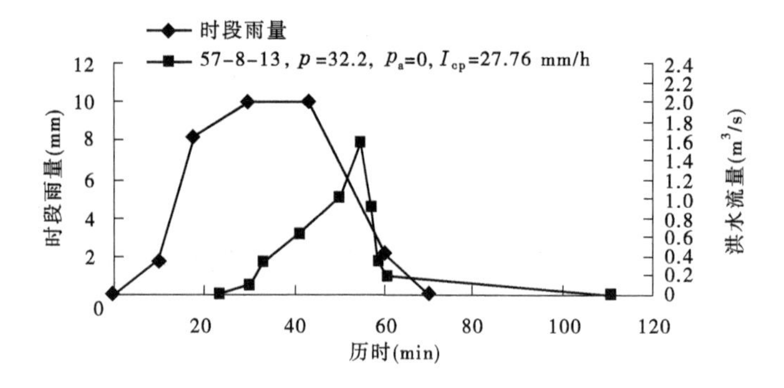

图 5-36　57－8－13 暴雨和洪水过程线

1959 年 7 月 30 日是前期雨量为“6.3 mm”的暴雨过程线,其洪水起涨点延缓 4 min,如图 5-37 所示。

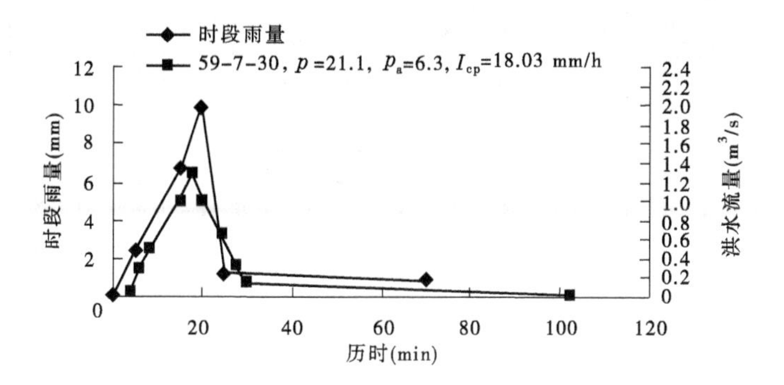

图 5-37　59－7－30 暴雨和洪水过程线

1967 年 7 月 17 日是暴雨雨型前半期雨量小,后半期雨量多的暴雨过程线,其洪水起涨点延缓 80 min,如图 5-38 所示。

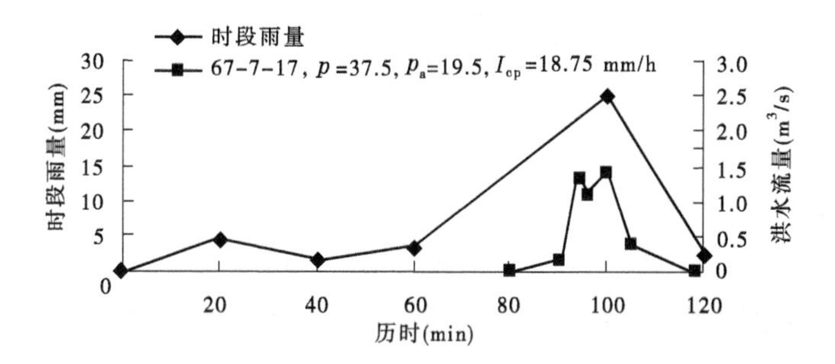

图 5-38　67－7－17 暴雨和洪水过程线

5.3.4　王家沟小流域降水和水土保持对产汇流的影响

5.3.4.1　王家沟小流域沟口站的观测成果

王家沟小流域沟口站的观测成果如表 5-15 所示。

表 5-15　王家沟小流域的观测成果

年份	降水量(mm)			年径流深	年输沙量	淤地坝拦泥量			流域年输沙量
	全年	汛期 5～9月	产流	mm	t/km^2	累计(万 t)	当年(万 t)	(t/km^2)	(t/km^2)
1955	400	322.9	72.5	10.6	6 199.1	1.85	1.85	2 033.0	8 232.1
1956	560	453.3	275.2	18.5	10 782.4	6.43	4.58	5 033.0	15 815.4
1957	367	262.6	98.6	3.3	1 542.5	7.41	0.98	1 076.9	2 619.4
1958	590	510.7	403.7	13.7	6 519.1	10.44	3.03	3 329.7	9 848.8
1959	643	532.7	460.4	44.4	23 262.3	11.96	1.52	1 670.3	24 932.6
1960	465	371.7	203.3	2.8	508.6	15.03	3.07	3 373.6	3 882.2
1961	626	521.6	220.5	0.2	2.1	15.27	0.24	263.7	265.8
1962	565	473.4	398.9	25.3	16 818.5	16.36	1.09	1 197.8	18 016.3
1963	733	665.2	492.4	31	14 394.4	16.65	0.29	318.7	14 713.1
1964	756	609.4	489.1	19.8	9 458.5	16.86	0.21	230.8	9 689.3
1965	243	126.9	50.5	0.2	8.4	16.87	0.01	11.0	19.4
1966	665	557.9	330.3	34.4	14 424.1	24.41	7.54	8 285.7	22 709.8

续表 5-15

年份	降水量(mm)			年径流深	年输沙量	淤地坝拦泥量			流域年输沙量
	全年	汛期 5～9月	产流	(mm)	(t/km²)	累计(万 t)	当年(万 t)	(t/km²)	(t/km²)
1967	615	520.9	200.0	10.9	3 542	37.3	12.9	14 165	17 706.8
1968	435	273.1	78.5	1.5	463.7				
1969	626	506.8	249.5	73.0	40 106.0				
1970	372	293.7	56.7	12.4	7 363	63.3	5.0	5 494.5	12 857.5
1971	298	209.8		(缺测)		64.3	1.0		
1972	352	261.1		(缺测)		74.3	10.0		
1973	652	546.3		(缺测)		90.3	16.0		
1974	322	232.6		0	0	91.3	1.0		
1975	421	326.7		0	0	92.3	1.0		
1976	496	398.0		0	0	106.4	14.1		
1977	527	437.8	188.2	3.1	1 080.7	118.4	12.0		
1978	558	456.9	32.3	1.1	380.9	137.9	19.5		

续表 5-15

年份	降水量(mm)			年径流深	年输沙量	淤地坝拦泥量			流域年输沙量 (t/km²)
	全年	汛期 5~9月	产流	(mm)	(t/km²)	累计 (万 t)	当年 (万 t)	(t/km²)	
1979	337	272.7	34.4	1.1	481	157.9	20		
1980	482	369.9	96.8	3.9	1 090.4	160.0	2.1		
1981	411	317.2	149.7	7.9	784.7				
1982	390	297.2							
1983	455	359.0							
1984	440	344.8							
1985	670	563.4							
1986	336	286.0							
1987	487	338.0							
1988	613	509.2			4 197.8				
1989	421	347.1			1 603.6				

表 5-15 中汛期降水量缺少部分，采用年降水量与汛期降水量的关系插补，其相关系数 $R^2 = 0.976\ 1$，插补后年降水量与汛期降水量的关系如图 5-39 所示。

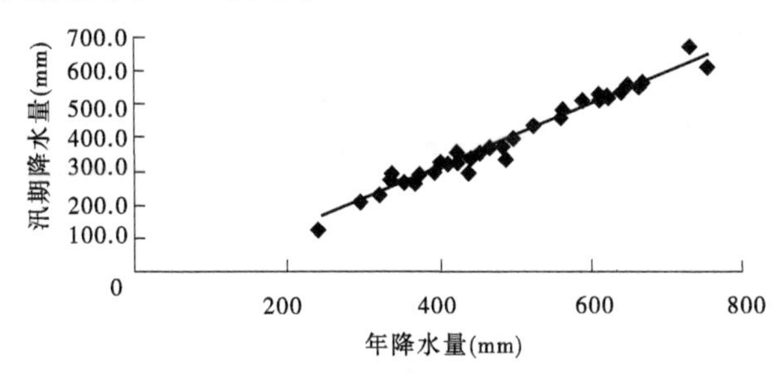

图 5-39　王家沟小流域年降水量与汛期降水量的关系图

其关系式为

$$P_{汛} = 0.950\ 6P_{年} - 73.51\ 4$$

式中　$P_{汛}$、$P_{年}$——汛期和年降水量，mm。

根据表 5-15 的资料绘制王家沟小流域降水量与年径流的过程线如图 5-40 所示。

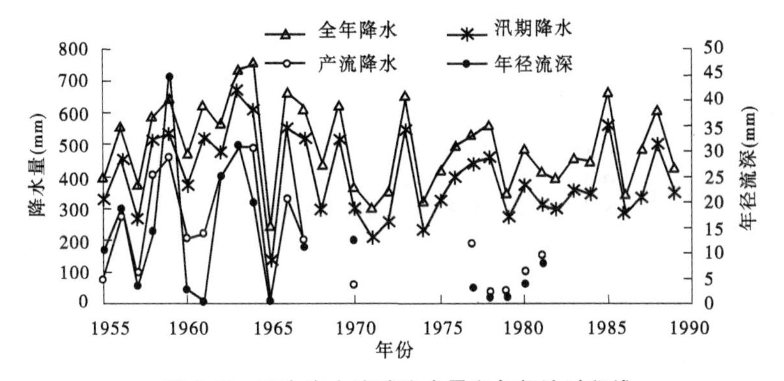

图 5-40　王家沟小流域降水量和年径流过程线

王家沟小流域降水量和年径流关系如图 5-41 ~ 图 5-43 所示。从图 5-41 ~ 图 5-43 可见，王家沟小流域降水量和年径流关系

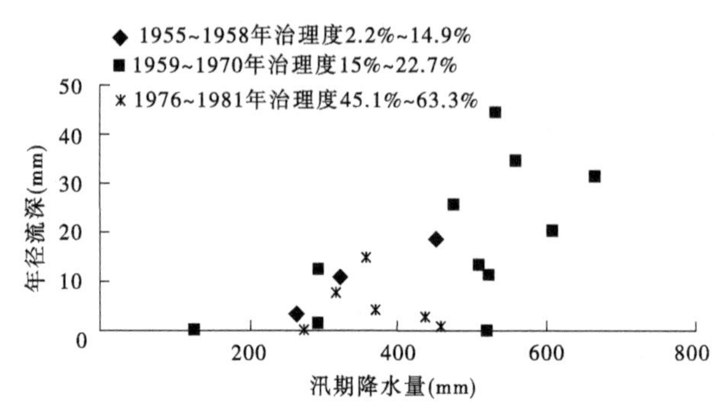

图 5-41　王家沟小流域汛期降水量与年径流关系

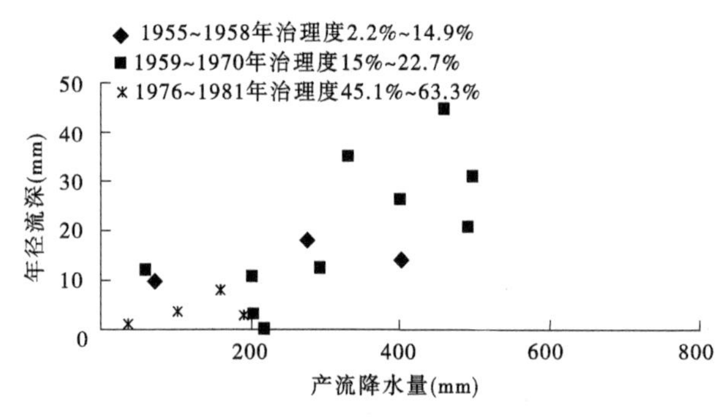

图 5-42　王家沟小流域产流降水量与年径流关系

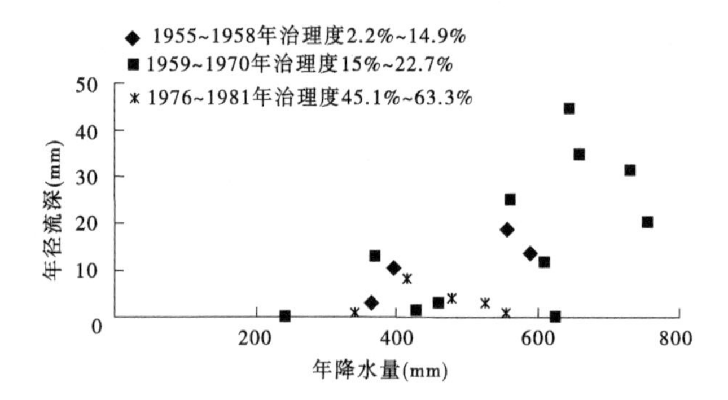

图 5-43　王家沟小流域年降水量与年径流关系

比较散乱，也看不出水保治理度的影响。再点绘最大月降水量、最大日降水量与年径流深关系，如图5-44和图5-45所示，可见其关系也比较散乱。但从图5-44和图5-45可见，由于水保治理度的增加，同一次暴雨下，年径流深有减少的趋势。

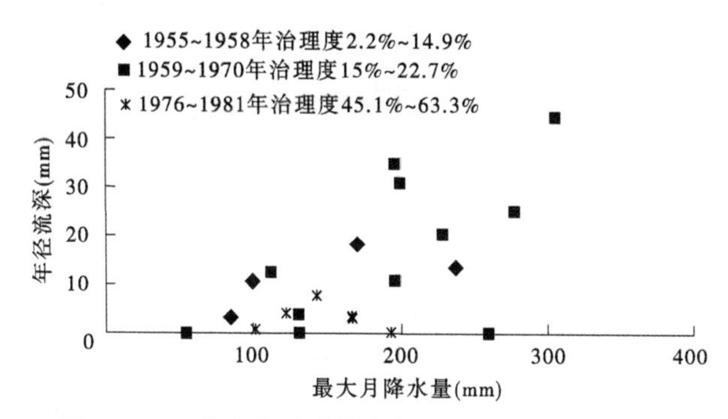

图5-44　王家沟小流域最大月降水量与年径流深关系

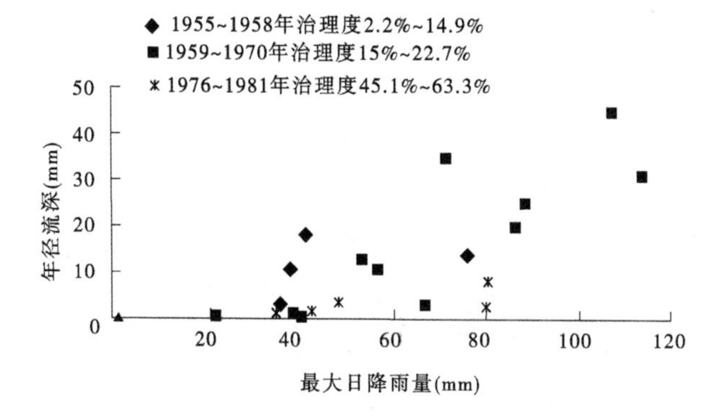

图5-45　王家沟小流域最大日降水量与年径流深关系

王家沟小流域1955～1980年治理措施如表5-16所示。

表 5-16　王家沟小流域 1955 ~ 1980 年治理措施

年份	水平梯田（hm^2）	地埂（hm^2）	造林（hm^2）	种牧草（hm^2）	淤地坝			治理面积（hm^2）	治理度	
					（座）	拦泥（万 t）	坝地（hm^2）		原梯林草（%）	落实后（%）
1955		14.00	13.33	6.20	4	1.85	0.67	34.2	2.2	0.9
1956		80.00	50.00	33.00	11	6.43	1.33	164.33	9.3	3.5
1957		150.00	60.00	40.00	12	7.41	2.07	252.07	11.2	4.2
1958	20.00	366.67	66.67	46.67	13	10.44	2.27	502.27	14.9	6.9
1959	51.00	346.67	80.00	73.33	17	11.96	2.67	553.67	22.7	11.3
1960	51.00	306.67	86.67	93.33	38	15.03	3.27	540.93	25.7	11.8
1961	51.00	306.67	86.67	93.33	25	15.27	4.27	541.93	25.9	11.9
1962	58.67	286.67	42.00	24.00	28	16.36	4.53	415.87	14.2	9.7
1963	58.67	266.67	45.33	40.67	5	16.65	4.67	416	16.4	10.0
1964	66.00	200.00	100.00	6.67	12	16.86	4.73	377.4	19.5	14.5
1965	66.67	186.67	106.67	28.00	17	16.87	4.80	392.8	22.7	15.0

续表 5-16

年份	水平梯田（hm^2）	地埂（hm^2）	造林（hm^2）	种牧草（hm^2）	淤地坝			治理面积（hm^2）	治理度	
					（座）	拦泥（万 t）	坝地（hm^2）		原梯林草（%）	落实后（%）
1966	70.00	183.33	106.67	0.00	14	24.41*	5.40	365.4	20.0	15.4
1967	76.67	176.67	106.67	0.00	14	37.3*	8.33	368.33	21.1	16.4
1968	78.00	176.67	106.67	0.00	14	52.3*	10.87	372.2	21.5	16.7
1969	80.00	173.33	106.67	0.00	14	58.3*	11.87	371.87	21.8	17.0
1970	86.67	166.67	106.67	0.00	10	63.3*	12.67	372.67	22.6	17.8
1971	86.67	140.00	133.33	0.00	15	64.3*	13.00	373	25.6	19.7
1972	86.67	140.00	133.33	0.00	20	74.3*	14.67	374.67	25.8	19.8
1973	86.67	140.00	133.33	3.33	23	90.3*	21.67	385	26.9	20.3
1974	86.67	100.00	154.67	6.67	23	91.3*	22.00	370	29.7	21.8
1975	86.67	98.67	171.00	10.33	23	92.3	22.07	388.73	31.9	22.9
1976	91.33	94.00	289.00	4.33	24	106.4*	25.33	504	45.1	31.6

续表 5-16

年份	水平梯田（hm^2）	地埂（hm^2）	造林（hm^2）	种牧草（hm^2）	淤地坝			治理面积（hm^2）	治理度	
					（座）	拦泥（万 t）	坝地（hm^2）		原梯林草（%）	落实后（%）
1977	110.67	74.67	298.87	4.33	24	118.4*	28.00	516.53	48.6	34.6
1978	113.33	72.00	346.67	10.00	26	137.9	30.33	572.33	55.0	38.3
1979	116.67	68.67	380.00	13.33	26	157.9*	32.00	610.67	59.6	41.1
1980	120.00	65.33	403.60	20.00	26	160	32.13	641.07	63.3	43.1
1986	171.33		198.28	4.01			27.38	401.00	44.1	44.1
1989	240.1		326.5	2.9			35.7	605.2	66.5	66.5
1990	240.0		324.4	3.19			35.7	603.3	66.3	65.9
1993	230.8		327.72	3.18			29.65	591.4	65.0	65.0
1994	230.8		409.04	3.18	24		37.29	680.31	74.8	
1995	230.8		345.93	3.18			37.27	617.2	67.8	67.8

注：* 为插补数。

治理措施的变化如图 5-46 所示。据 1986 年黄委黄河中游治理局科技处调查王家沟措施保存率为梯田 101.9%,坝地 67.7%,造林 61.4%,种草 0.1%,小计 72.4%(引自“黄委黄河中游治理局科技处 1986 年 9 月对山西三川河十条试点小流域水土保持综合治理的分析研究”)。据此对 1955～1980 年措施面积进行落实,落实后 1955～1995 年治理措施的变化如图 5-47 所示。

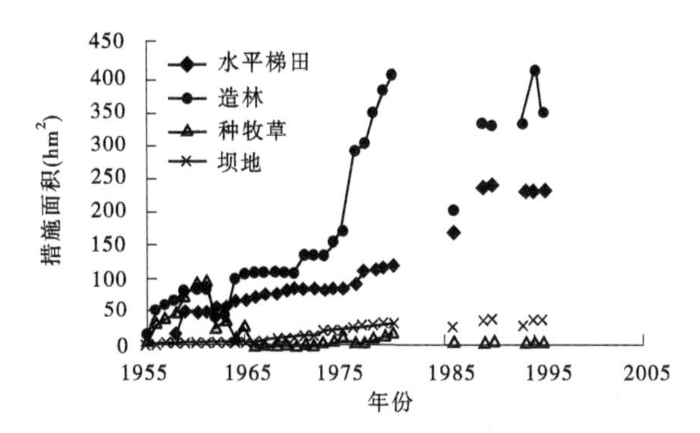

图 5-46　山西水土保持科学研究所资料治理措施变化

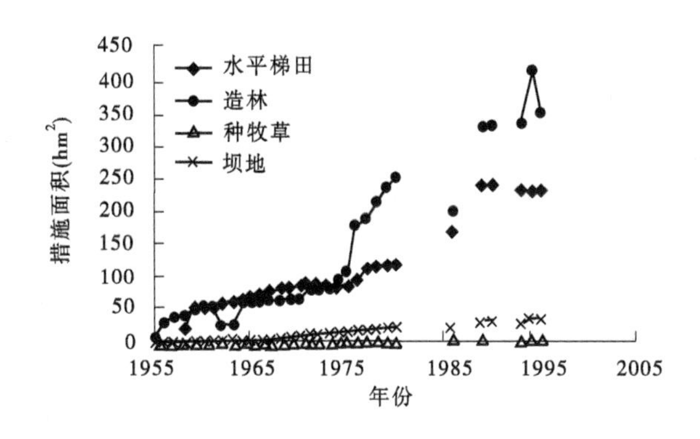

图 5-47　按调查结果落实治理措施变化

从图5-46和图5-47可见，梯田、造林在1975年后发展较快，坝地的发展比较稳定，而种草在1962年后发展非常缓慢。1989年后水保措施量基本没有增加，水保治理度保持在70%左右（未包括地埂面积），见图5-48和图5-49。

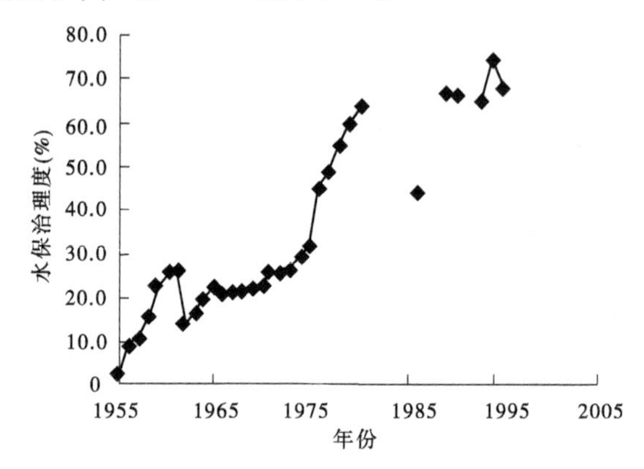

图5-48　山西省水土保持科学研究所资料治理度变化

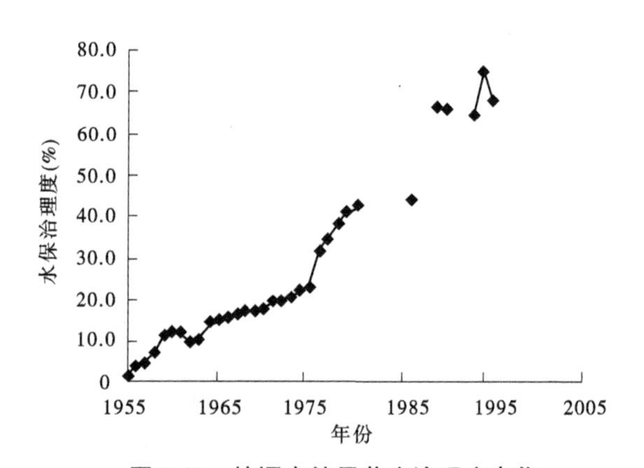

图5-49　按调查结果落实治理度变化

王家沟坝系不同年份库容统计如表5-17所示。

表 5-17　王家沟坝系不同年份库容统计

项目				库容(万 m^3)				平均库容(万 m^3/km^2)			
				1980	1985	1992	1995	1980	1985	1992	1995
总库容				229.1	377.2	485.2	485.2	25.2	41.5	53.3	53.3
其中	拦泥库容	其中	小计	178.2	283.0	368.6	368.6	19.6	31.1	40.5	40.5
			已拦泥	122.4	186.6	211.0	217.4	13.5	20.5	23.2	23.9
			尚可拦泥	55.8	86.4	157.6	151.2	6.1	10.6	17.3	16.6
	滞洪库容			50.9	94.2	116.6	116.6	5.6	10.4	12.8	12.8
	防洪库容			106.7	190.6	274.2	267.8	11.7	20.9	30.1	29.4

注：防洪库容含未淤满的拦泥库容。

从表 5-17 可看出，1980 年以来坝系工程趋于稳定。

王家沟小流域不同频率的年降水量值如表 5-18 所示。

表 5-18　王家沟小流域不同频率的年降水量值

重现期(年)	200	100	50	20	10	5	2	5	10	20	50
降水量(mm)	908.5	856.5	807.0	732.7	670.9	601.5	482.5	398.6	334.2	299.5	240.1
备注	丰水年						平水年	枯水年			

王家沟小流域暴雨年内分配如表 5-19 所示。

表 5-19　王家沟小流域暴雨年内分配　(%)

月份	5 月	6 月			7 月			8 月			9 月
		上旬	中旬	下旬	上旬	中旬	下旬	上旬	中旬	下旬	
年内分配	2.82	1.13	1.13	2.26	12.4	11.3	14.7	11.3	15.8	12.4	14.7
		4.52			38.4			39.5			

王家沟小流域治理前后暴雨洪水径流对比如下：

王家沟小流域治理后实测的较大暴雨洪水共 14 次,各次洪水径流量如表 5-20 所示。表 5-20 中治理前各次洪水相应径流量是根据羊道沟暴雨径流关系推算的。

表 5-20　王家沟小流域典型暴雨洪水拦蓄效益分析

暴雨日期（年-月-日）	降水		治理前径流量推算（万 m^3）	治理后	
	量（mm）	强度（mm/h）		径流（万 m^3）	减少径流（%）
1957-08-13	35.2	17.7	7.92	3.09	61
1958-07-15	81.1	3.2	20.02	2.73	86
1959-08-06	58.0	8.1	13.65	7.28	47
1959-08-20	104.0	6.8	38.22	24.93	35
1960-09-24	58.3	4.8	3.64	2.00	45
1962-07-14	107.0	7.9	41.86	23.66	43
1963-07-05	104.0	5.5	22.75	7.19	68
1964-09-06	92.0	7.1	24.57	8.37	66
1966-07-17	60.7	12.7	34.58	7.92	77
1967-08-21	52.8	17.2	19.11	2.28	88
1969-07-26	91.0	14.6	86.45	70.34	19
1970-08-09	46.0	15.4	35.49	13.38	62
1977-07-05	79.5	4.8	15.31	0.65	96
1977-08-06	72.3	5.8	15.80	1.03	94
平均	1 041.9		379.37	174.85	53.9

表 5-20 中 1969-07-26，主要是由于干沟 5 座淤地坝被冲垮，因此减少径流的效益较低，1977 年的两场洪水是由于在干沟修建了两座骨干坝，因此其减少径流的效益显著提高。

5.3.4.2 降水和水保措施对年径流的影响

绘制王家沟汛期降水量与径流深变化过程线如图 5-50 所示。

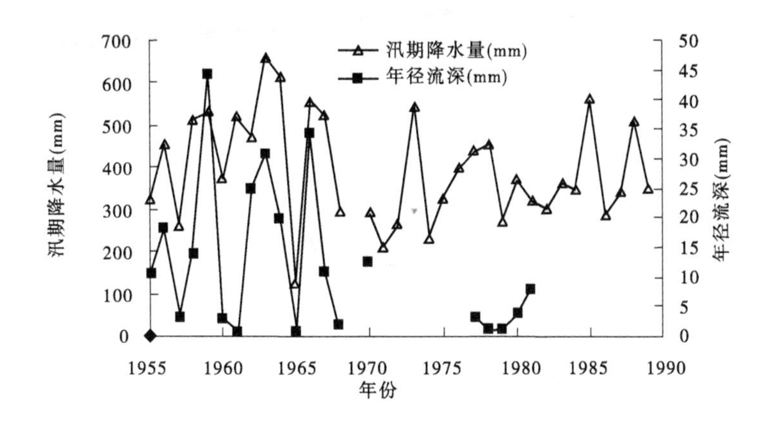

图 5-50　王家沟汛期降水量与年径流深变化过程线

从图 5-50 可以看出，治理前期 1955 ~ 1968 年径流有随汛期降水量变化的趋势，治理后期 1974 ~ 1989 年汛期降水量与前期相近，而径流量变化明显减少。从图中年径流深的变化还可看出以沟道治理为主的小流域，淤地坝对径流的影响是特别显著的，如 1959 年都是小坝，拦蓄作用不大，1961 年和 1965 年补修加固部分坝，1978 年、1979 年是由于在干沟修建了两座骨干坝，因此拦蓄作用大，年径流就小。

从表 5-15 中可见，1974 ~ 1976 年王家沟沟口没有产流，即在如此降水量和水保措施条件影响下，王家沟就不产流了，其降水量和淤地坝拦泥量、水土保持的措施量如表 5-21 和表 5-22 所示。

表 5-21　1974～1976 年降水量和淤地坝拦泥量

年份	降水量(mm)					淤地坝拦泥量(万 t)		坝系工程状态
	年	汛期	产流	最大月	最大日	累计	当年	
1974	322	232.6				91.3	1.0	处于完善阶段，在主沟下游建 2 座骨干坝，设置了泄水洞和溢洪道，在几条较大的支流也建控制坝，各坝能拦能排，有效地拦洪排清
1975	421	326.7				92.3	1.0	
1976	496	398.0				106.4	14.1	

表 5-22　1974～1976 年水土保持措施量

年份	水平梯田(hm^2)	地埂(hm^2)	造林(hm^2)	种牧草(hm^2)	淤地坝			治理面积(hm^2)	治理度(%)
					座	拦泥(万 t)	hm^2		
1974	86.67	100.00	154.67	6.67	23	91.3	22.00	370.00	29.7
1975	86.67	98.67	171.00	10.33	23	92.3	22.07	388.73	31.9
1976	91.33	94.00	289.00	4.33	24	106.4	25.33	504.00	45.1
1965	66.67	186.67	106.67	28.00	17	16.87	4.80	392.8	22.7
1979	116.67	68.67	380.00	13.33	26	157.9	32.00	610.67	59.6

从表 5-21、表 5-22 中可得王家沟不产流时，其年降水量在 322～496 mm，汛期降水量在 232～398 mm；对照其他各年的降水量，发现 1965 年的年降水量为 243 mm，汛期降水量为 126.9 mm，其年径流深为 0.2 mm，虽小但说明还产流；1979 年的年降水量为 337 mm，汛期降水量为 272.7 mm，其年径流深为 1.1 mm，比 1965 年就多一点，说明 1974～1976 年的年降水量条件下还是可能产流的。水土保持措施量：1974～1976 年的治理度已经达到 29.7%～

45.1%，而1965年的治理度为22.7%，差别不是很大。对照淤地坝及坝系状态：发现1974～1976年是处于坝系完善阶段，在主沟下游修建了两座骨干坝，设置了泄水洞和溢洪道，在几条较大的支流也修建了控制坝，各坝能拦能排，能有效拦洪排清，因此沟口未出现径流。而1965年是坝系工程的改建阶段，因为1963年一场洪水冲毁33座淤地坝，1965年在原坝系的基础上补修和加高部分坝，尚未形成较大的拦蓄能力，结果王家沟沟口就出现径流。说明淤地坝对产汇流的影响是很大的。

5.3.4.3 王家沟小流域水土保持减水量的计算

王家沟小区试验单项措施减水指标如表5-23所示。

表5-23 王家沟小区试验单项措施减水指标

措施	资料年限	径流模数（m^3/km^2）		减水效益（%）	减水指标（m^3/km^2）
		措施区	对照区		
水平梯田	1957～1966	6 500	22 200	70.7	157.0
造林（洋槐）	1957～1966	16 200	23 400	30.8	72.0
牧草	1957～1958	12 750	20 640	38.2	78.9
	1957～1966	18 700	19 800	5.6	11.0
	1957～1958	12 580	20 640	39.1	80.6
	平均	14 677	20 360	27.9	56.8

王小平等对王家沟小流域历年水保措施调查结果如表5-24所示。

王家沟所在流域三川河各种水保措施多年平均减水模数如表5-25所示。

表 5-24　王家沟小流域历年水保措施调查结果　（单位：hm^2）

时段（年）	梯田	坝地	造林	种草	合计
1955～1959	34.43	2.67	42.00	73.33	152.43
1960～1966	70.00	5.40	89.70	0	165.10
1967～1978	110.27	20.47	136.39	1.06	268.19
1979～1986	171.34	27.38	170.93	4.02	373.67
1987～1995	230.80	37.27	345.93	3.18	617.18

表 5-25　三川河各种水保措施多年平均减水模数　（单位：m^3/hm^2）

时段（年）	梯田	造林	种草	坝地
1956～1969	244	129	125	6 822
1970～1979	206	124	87	13 242
1980～1989	171	135	97	5 703
1990～1996	143	137	56	6 989
平均	244	129	125	6 822

据表 5-23、表 5-24 计算王家沟、三川河水土保持减水量，如表 5-26、表 5-27 所示。

表 5-26　王家沟水土保持减水量计算表(王家沟指标)

时段(年)	梯田			坝地			造林			种草			合计减水量(万 m^3)
	保存面积(hm^2)	减水模数(m^3/hm^2)	减水量(万 m^3)	保存面积(hm^2)	减水模数(m^3/hm^2)	减水量(万 m^3)	保存面积(hm^2)	减水模数(m^3/hm^2)	减水量(万 m^3)	保存面积(hm^2)	减水模数(m^3/hm^2)	减水量(万 m^3)	
1955 ~ 1959	34.43	157	0.54	2.67	6 822	1.82	42.00	72	0.30	73.33	56.8	0.42	3.08
1960 ~ 1966	70.0	157	1.10	5.40	6 822	3.68	89.70	72	0.65	0	56.8	0.00	5.42
1967 ~ 1978	110.27	157	1.73	20.47	13 242	27.11	136.93	72	0.99	1.06	56.8	0.01	29.83
1979 ~ 1986	171.34	157	2.69	27.38	5 703	15.61	170.93	72	1.23	4.02	56.8	0.02	19.55
1987 ~ 1995	230.8	157	3.62	37.27	6 989	26.05	345.93	72	2.49	3.18	56.8	0.02	32.18

表 5-27　王家沟水土保持减水量计算表(三川河平均指标)

时段(年)	梯田			坝地			造林			种草			合计减水量(万 m^3)
	保存面积(hm^2)	减水模数(m^3/hm^2)	减水量(万 m^3)	保存面积(hm^2)	减水模数(m^3/hm^2)	减水量(万 m^3)	保存面积(hm^2)	减水模数(m^3/hm^2)	减水量(万 m^3)	保存面积(hm^2)	减水模数(m^3/hm^2)	减水量(万 m^3)	
1955~1959	34.43	244	0.84	2.67	6 822	1.82	42.00	129	0.54	73.33	125	0.92	4.12
1960~1966	70.00	244	1.71	5.40	6 822	3.68	89.70	129	1.16	0	125	0.00	6.55
1967~1978	110.27	206	2.27	20.47	13 242	27.11	136.93	124	1.70	1.06	87	0.01	31.09
1979~1986	171.34	171	2.93	27.38	5 703	15.61	170.93	135	2.31	4.02	97	0.04	20.89
1987~1995	230.8	143	3.30	37.27	6 989	26.05	345.93	137	4.74	3.18	56	0.02	34.11

从表 5-26、表 5-27 可见,采用两种减水指标计算结果基本一致。以 41 年计算共拦蓄水量 857.3 万 ~ 913.6 万 m^3。1967 年后年平均减水量在 20 万 ~ 34 万 m^3。

5.3.4.4 次暴雨与次洪水径流的变化

经过历年的水土保持治理后,王家沟次暴雨与次径流深的关系变化如图 5-51 所示。次暴雨与次洪峰流量的关系变化如图 5-52 所示。

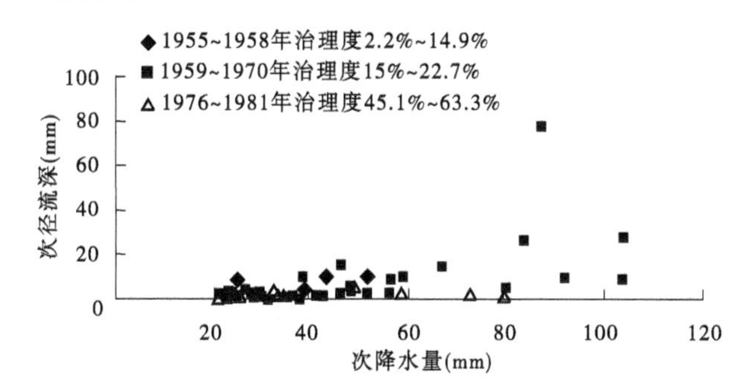

图 5-51 王家沟次暴雨与次径流深关系变化

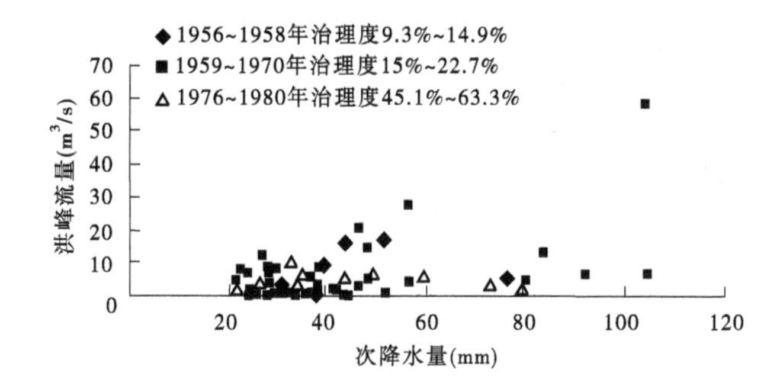

图 5-52 王家沟次暴雨与次洪峰流量关系变化

从图 5-51 可见,由于王家沟坝系的拦蓄影响,次暴雨与次洪水径流的关系比较紊乱，但随着水保治理度的增加，同一次暴雨下，次径流深有减少的趋势。

5.3.4.5 暴雨和水土保持对洪水产汇流特性的影响

从历次的暴雨洪水径流要素摘录表中，点绘暴雨和洪水过程线，分析不同暴雨和不同水保治理度的洪水起涨时间、洪水结束时间、洪水持续时间、最大洪水出现的历时和流量。现将王家沟在不同年份的暴雨和水土保持对次暴雨洪水产汇流特性的影响统计如表 5-28 所示。

将表 5-28 分为两类：一类为主要受水土保持措施影响的洪水（降水量基本一致），另一类为主要受降水影响的洪水（水保治理度基本一致）。

（1）主要受水土保持措施影响的洪水产汇流特性变化。

选择水土保持治理度不同，降水量基本一致的 8 对资料，如表 5-29 所示，分析水土保持对产汇流特性的影响。

从表 5-29 可见，各对比组降水量基本一致，但其他因子不完全一致，有的相差较大，其洪水过程线如图 5-53 ~ 图 5-60 所示。

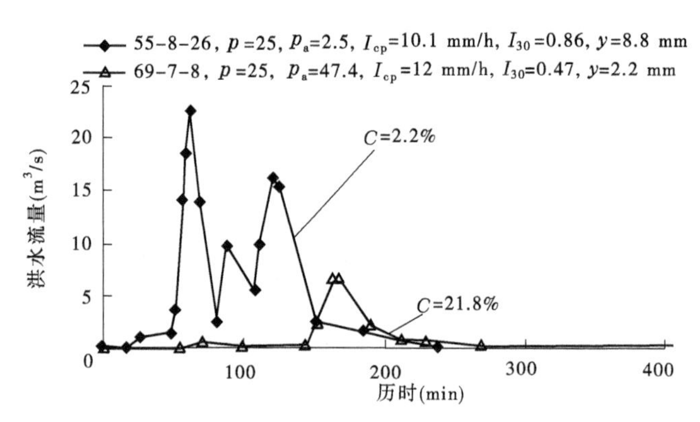

图 5-53 55 -8 -26 与 69 -7 -8 洪水过程比较

表 5-28　王家沟降水和水土保持措施对洪水产汇流特性影响(次降雨 >20 mm)

编号	年	洪水日期		前期影响雨量(mm)	降水					径流					洪峰			水保治理度(%)	附注
		月	日		开始时间(时:分)	雨量(mm)	累计历时(min)	平均强度(mm/h)	30 min强度(mm/h)	洪水起点(min)	洪水结束(min)	洪水持续时间(min)	径流深(mm)	径流系数(%)	最大流量(m^3/s)	出现时间(min)	洪峰模数[$m^3/(s \cdot km^2)$]		
1	1955	8	26	2.5	15:13	25	150	10.1	0.86	17	237	220	8.8	34.9	22.8	62	2.85	2.2	
2	1956	7	22	0	13:06	43.4	283	7.19	1	225	1 380	1 665	9.7	22.4	16	320	1.158	9.3	
3	1956	7	30	11.5	22:52	30.5	367	5.02	0.24	87	1 195	1 106	1.7	5.6	2.6	189	0.286	9.3	
4	1956	8	25	6.9	06:05	25	700	2.14	0.61	205	2 140	2 035	2	7.7	3.5	605	0.385	9.3	
6	1958	7	10	3.3	8:30	25.6	320	4.8	0.24	60	516	450			0.1	72	0.011	14.9	沟口雨
8	1958	7	24	20.5	19:10	26.5	293	5.42	0.51	116	1 300	1 434	0.3	1.1	0.676	381	0.074	14.9	松树梁雨
9	1958	7	29	20.4	06:29	51.2	221	13.91	1.18	4	2 431	2 476	10.7	21	16.851	122	1.852	14.9	松树梁雨
16	1959	8	15	29.6	19:40	27.7	120	13.85	1.5	6	730	724	1.7	8.8	6.34	49	0.698	22.7	王家沟雨
17	1959	8	18	23	01:15	22.6	385	3.52	0.38	120	935	850	1.9	7.7	7.96	170	0.875	22.7	王家沟雨
18	1959	8	20	30.8	00:20	104	909	6.86	0.48	100	2 419	2 340	27.4	26.2	58	570	6.374	22.7	羊道沟雨
21	1960	8	11	8.8	18:00	26.1	580	2.7	0.21	455	710	255			0.054	485	0.006	25.7	
23	1960	9	25	16.9	08:10	23	251	5.5	0.09	2 133	2 200	67			0.019	2 150	0.002	25.7	王家沟雨

续表 5-28

编号	年	洪水日期		前期影响雨量(mm)	降水					径流					洪峰			水保治理度(%)	附注
		月	日		开始时间(时:分)	雨量(mm)	累计历时(min)	平均强度(mm/h)	30 min强度(mm/h)	洪水起点(min)	洪水结束(min)	洪水持续时间(min)	径流深(mm)	径流系数(%)	最大流量(m^3/s)	出现时间(min)	洪峰模数[$m^3/(s \cdot km^2)$]		
26	1961	8	13	5.1	08:10	25.8	660	2.35	0.14	325	530	245			0.069	416	0.008	25.9	
27	1961	9	27	3.3	17:30	31	480	3.88	0.2	75	534	465	0.1	0.3	0.055	117	0.006	25.9	王家沟雨
29	1962	7	14	41.8	20:20	83.6	636	7.89	0.53	14	3 715	3 811	25.8	24.3	12.8	599	1.407	14.2	
30	1962	7	23	25.2	02:50	36.4	750	2.91	0.23	72	1 870	1 852	0.8	2.2	0.438	727	0.048	14.2	沟口雨
31	1962	8	11	5.6	12:40	22.7	156	8.73	0.35	90	256	170	0.1	1.8	0.284	123	0.031	14.2	王家沟雨
36	1963	7	5	7.9	19:15	104	1 135	5.5	0.4	89	2 039	1 966	7.9	7.7	6.567	551	0.722	16.4	
37	1963	7	19	3.6	17:25	27.7	45	36.93	1.9	5	395	450	2.1	11.2	9.245	30	1.016	16.4	沟口雨
45	1964	7	12	19.4	14:47	23.7	793	1.79	0.12	697	1 557	850	0.1	5	0.042	798	0.005	19.5	沟口雨
47	1964	9	6	24.8	20:42	92	780	7.08	0.7	128	2 253	2 590	9.2	10.7	6.567	618	0.72	19.5	沟口雨
48	1964	9	11	40.5	19:02	41.5	660	3.77	0.17	114	1 500	1 384	2.1	4.9	1.595	463	0.175	19.5	沟口雨
49	1964	9	13	54.4	04:00	26.2	890	1.77	0.11	0	3 170	3 180	2.9	9.4	3.496	90	0.384	19.5	沟口雨

续表 5-28

编号	年	洪水日期		前期影响雨量(mm)	降水					径流					洪峰			水保治理度(%)	附注
		月	日		开始时间(时:分)	雨量(mm)	累计历时(min)	平均强度(mm/h)	30 min强度(mm/h)	洪水起点(min)	洪水结束(min)	洪水持续时间(min)	径流深(mm)	径流系数(%)	最大流量(m^3/s)	出现时间(min)	洪峰模数($m^3/(s \cdot km^2)$)		
50	1965	6	2	1.4	01:35	25.3	805	1.89	0.09	25	805	780	0.2	0.6	0.118	592	0.013	22.7	
59	1967	9	6		08:00	25.3	942	1.61	0.17	580	1 020	440	0.7	2.8	1.02	648	0.11	21.1	
63	1969	7	8	47.41	18:50	24	120	12	0.47	55	730	735	2.2	9.2	6.567	164	0.722	21.8	
64	1969	7	26	19.52	14:20	87.6	360	14.6	0.85			1 110	77.1	88.2	182		20	21.8	长大局坝失事
65	1970	8	8	49.47	23:40	46	180	15.3	1.2			505	14.7	32	20.1		2.209	22.6	
66	1977	6	23		12:10	33.4	700	4.74	20	170	230	60	0.55	1.6	2.46	195	0.27	48.6	
67	1977	7	5		08:05	79.5	925	4.77	17			338	0.71	0.9	1.34		0.15	48.6	
68	1979	6	29		17:40	34.4	105	19.7	47.2			220	1.26	5.5	5.85		0.64	59.6	
69	1980	8	16			21.1	99	12.71	40			160	0.2	0.9	0.72		0.079	63.3	
70	1980	8	17			32.2	30	64.4	64.4			220	2.4	7.5	10.2		1.121	63.3	
71	1981	6	19			48.8	528	4.14	10.6			300	5.6	11.5	6.2		0.68		
72	1981	6	20			58.7	1 260	2.8	38.8			705	2	3.4	5.3		0.58		
73	1981	7	7			25.5	204	7.5	40.4			110	0.6	2.4	2.9		0.32		

表 5-29　王家沟暴雨相同时水土保持对洪水产汇流特性的影响统计表

编号	年-月-日 时	前期雨量（mm）	雨量（mm）	降水历时（min）	平均雨强（mm/h）	30 min 雨强（mm/h）	洪水起涨时间（min）	洪水结束时间（min）	洪水持续时间（min）	径流深（mm）	最大流量出现		水保治理度（%）
											（m^3/s）	（min）	
1	1969-07-8 18	47.4	24	310	12	0.47	55	730	675	2.2	6.57	164	21.8
	1955-08-26 15	2.5	25	187	10.1	0.86	17	237	220	8.8	22.8	62	2.2
	上下对比减少	44.9	−1	123	1.9	−0.39	38	493	455	−6.6	−16.23	102	19.6
	减少（%）	94.7	−4.2	39.7	15.8	−83.0	69.1	67.5	67.4	−300.0	−247.0	62.2	89.9
2	1959-08-18	23	22.6	385	3.52	0.38	120	935	815	1.9	7.96	170	22.7
	1962-08-11	5.6	22.7	156	8.73	0.35	90	256	166	0.1	0.284	123	14.2
	上下对比减少	17.4	−0.1	229	−5.21	0.03	30	679	649	1.8	7.676	47	8.5
	减少（%）	75.7	−0.4	59.5	−148.0	7.9	25.0	72.6	79.6	94.7	96.4	27.6	37.4
3	1960-09-25	16.9	23	251	5.5	0.09	2 133	2 200	67		0.019	2 150	25.7
	1964-07-12	19.4	23.7	793	1.79	0.12	697	1 557	860	0.1	0.042	798	19.5
	上下对比减少	−2.5	−0.7	−542	3.71	−0.03	1 436	643	−793		−0.023	1 352	6.2
	减少（%）	−14.8	−3.0	−215.9	67.5	−33.3	67.3	29.2	−1 183.6		−121.1	62.9	24.1

续表 5-29

编号	年-月-日 时	前期雨量(mm)	雨量(mm)	降水历时(min)	平均雨强(mm/h)	30 min 雨强(mm/h)	洪水起涨时间(min)	洪水结束时间(min)	洪水持续时间(min)	径流深(mm)	最大流量出现		水保治理度(%)
											(m^3/s)	(min)	
4	1965-06-02	1.4	25.3	805	1.89	0.09	25	805	780	0.2	0.118	592	22.7
	1967-09-06		25.3	942	1.61	0.17	580	1 020	440	0.7	1.02	648	21.1
	上下对比减少		0	-137	0.28	-0.08	-555	-215	340	-0.5	-0.902	-56	1.6
	减少(%)		0.0	-17.0	14.8	-88.9	-2 220.0	-26.7	43.6	-250.0	-764.4	-9.5	7.0
5	1960-08-11	8.8	26.1	580	2.7	0.21	455	710	255		0.054	485	25.7
	1958-07-10	3.3	25.6	320	4.8	0.24	60	516	4546		0.1	72	14.9
	上下对比减少	5.5	0.5	260	-2.1	-0.03	395	194	-4291	0	-0.046	413	10.8
	减少(%)	62.5	1.9	44.8	-77.8	-14.3	86.8	27.3	-1 682.7		-85.2	85.2	42.0
6	1961-08-13	5.1	25.8	660	2.35	0.14	325	530	205		0.069	416	25.9
	1964-09-13	54.4	26.2	890	1.77	0.11	0	3120	3170		3.496	90	19.5
	上下对比减少	-49.3	-0.4	-230	0.58	0.03	325	-2 590	-2 965		-3.427	326	6.4
	减少(%)	-966.7	-1.6	-34.8	24.7	21.4	100.0	-488.7	-1 446.3		-4 966.7	78.4	24.7

续表 5-29

编号	年-月-日 时	前期雨量(mm)	雨量(mm)	降水历时(min)	平均雨强(mm/h)	30 min 雨强(mm/h)	洪水起涨时间(min)	洪水结束时间(min)	洪水持续时间(min)	径流深(mm)	最大流量出现		水保治理度(%)
											(m^3/s)	(min)	
7	1961-09-27	3.3	31	480	3.88	0.2	75	534	459	0.1	0.055	117	25.9
	1956-07-30	11.5	30.5	367	5.02	0.24	87	1 142	1 055	1.7	2.6	189	9.3
	上下对比减少	-8.2	0.5	113	-1.14	-0.04	-12	-608	-596	-1.6	-2.545	-72	16.6
	减少(%)	-248.5	1.6	23.5	-29.4	-20.0	-16.0	-113.9	-129.8	-1 600.0	-4 627.3	-61.5	64.1
8	1959-08-20	30.8	104	909	6.86	0.48	100	2 419	2 319	27.4	58	570	22.7
	1963-07-05	7.9	104	1135	5.5	0.4	89	2 039	1 950	7.9	6.567	551	16.4
	上下对比减少	22.9	0	-226	1.36	0.08	11	380	369	19.5	51.433	19	6.3
	减少(%)	74.4	0.0	-24.9	19.8	16.7	11.0	15.7	15.9	71.2	88.7	3.3	27.8

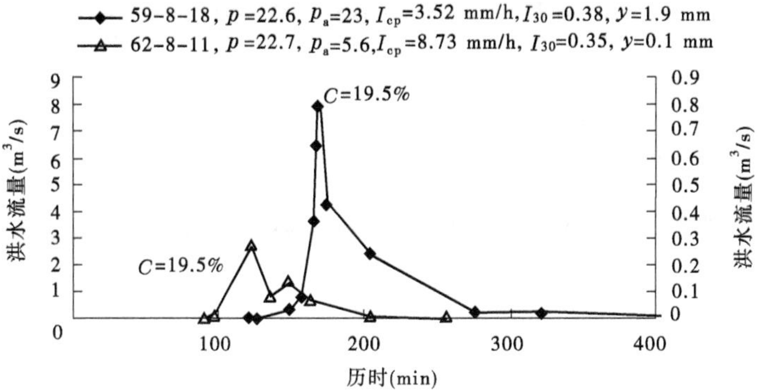

59-8-18, $p=22.6$, $P_a=23$, $I_{cp}=3.52$ mm/h, $I_{30}=0.38$, $y=1.9$ mm

62-8-11, $p=22.7$, $P_a=5.6$, $I_{cp}=8.73$ mm/h, $I_{30}=0.35$, $y=0.1$ mm

洪水流量(m^3/s)　历时(min)　$C=19.5\%$

图 5-54　59－8－18 与 62－8－11 洪水过程比较图

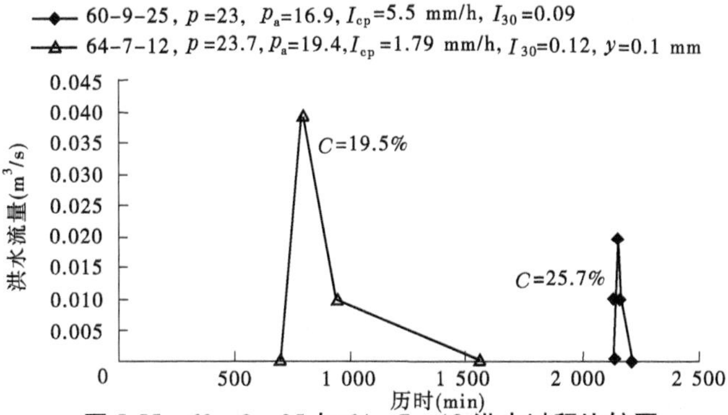

60-9-25, $p=23$, $P_a=16.9$, $I_{cp}=5.5$ mm/h, $I_{30}=0.09$

64-7-12, $p=23.7$, $P_a=19.4$, $I_{cp}=1.79$ mm/h, $I_{30}=0.12$, $y=0.1$ mm

洪水流量(m^3/s)　历时(min)　$C=19.5\%$　$C=25.7\%$

图 5-55　60－9－25 与 64－7－12 洪水过程比较图

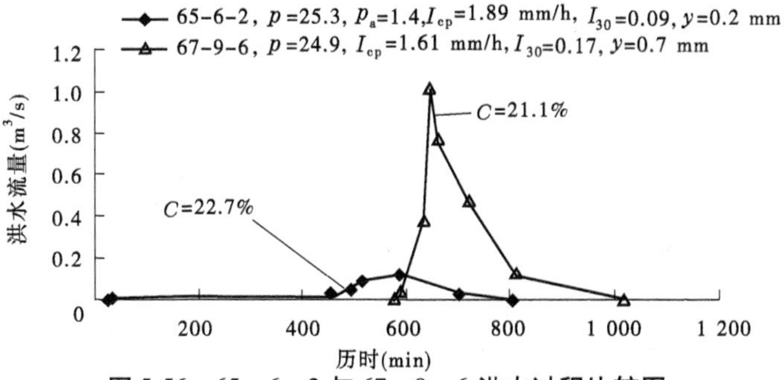

65-6-2, $p=25.3$, $P_a=1.4$, $I_{cp}=1.89$ mm/h, $I_{30}=0.09$, $y=0.2$ mm

67-9-6, $p=24.9$, $I_{cp}=1.61$ mm/h, $I_{30}=0.17$, $y=0.7$ mm

洪水流量(m^3/s)　历时(min)　$C=21.1\%$　$C=22.7\%$

图 5-56　65－6－2 与 67－9－6 洪水过程比较图

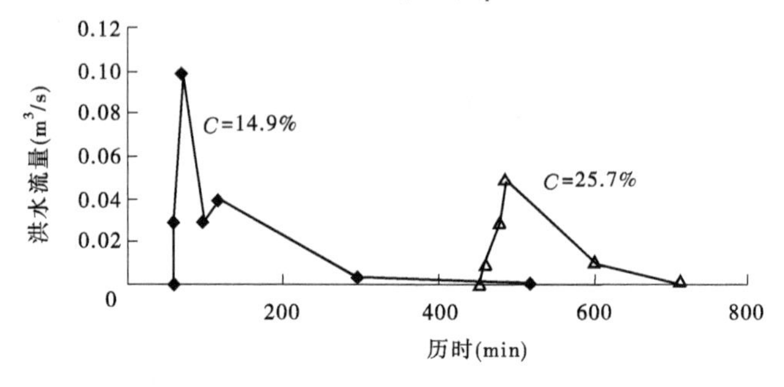

图 5-57　58－7－10 与 60－8－11 洪水过程比较图

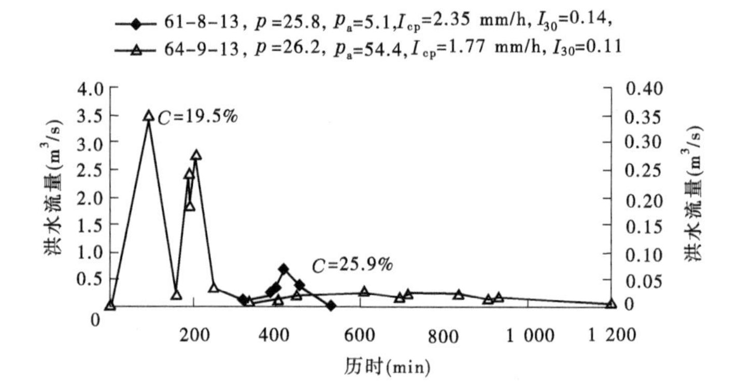

图 5-58　61－8－13 与 64－9－13 洪水过程比较图

图 5-53～图 5-60 是降水量基本相同、水保治理度不同的洪水过程图，对照表 5-28 中水保治理度，从图中可以明显地看出：治理度不同时，产汇流的特性差别很大。如图 5-53 在降水量 25 mm 时，治理度增大 37%，洪水起涨时间推迟 38 min，洪水结束时间延长 493 min，最大流量减小 16.2 m^3/s。多数情况是水保治理度小

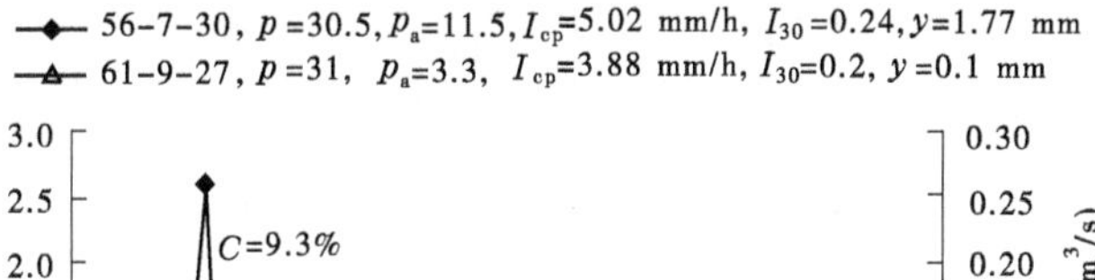

图 5-59　56 – 7 – 33 与 61 – 9 – 27 洪水过程比较图

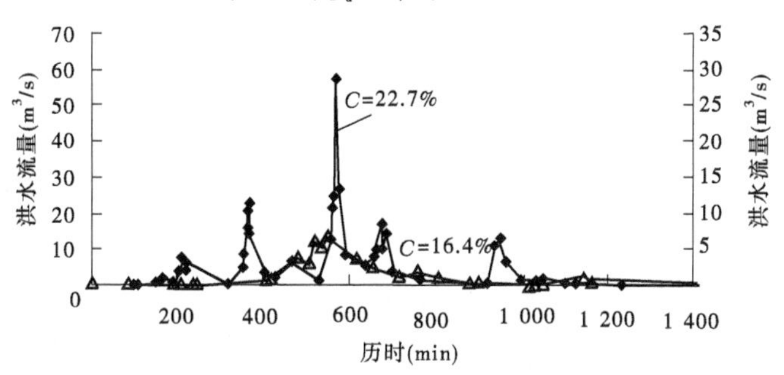

图 5-60　59 – 8 – 20 与 63 – 7 – 5 洪水过程比较图

的洪水大一些，水保治理度大的洪水小一些。只有图 5-60 中的 1959 年水保治理度比 1963 年大，而 1963 年洪水反而比 1959 年小，有点不正常，可能是其前期雨量小的原因。

（2）主要受降水影响的洪水产汇流特性变化。

选择水土保持治理度基本相同，降水量不同的 7 对资料，如表 5-30 所示，分析降水量对产汇流特性的影响。

表 5-30　王家沟水保措施相同、降雨不同对洪水产汇流特性的影响(次降雨 >20 mm)

组号	编号	洪水日期			前期影响雨量(mm)	降雨				径流					洪峰			水保治理度(%)	附注
		年	月	日		雨量(mm)	累计历时(min)	平均强度(mm/h)	30 min强度(mm/h)	洪水起点(min)	洪水结束(min)	洪水持续时间(min)	径流深(mm)	径流系数(%)	最大流量(m^3/s)	出现时间(min)	洪峰模数($m^3/s/km^2$)		
1	2	1956	7	22	0	43.4	283	7.19	1	225	1 380	1 665	9.7	22.4	16	320	1.16	9.3	
	4	1956	8	25	6.9	25	700	2.14	0.61	205	2 140	2 035	2	7.7	3.5	605	0.39	9.3	
	相差				-6.9	18.4	-417	5.05	0.39	20	-760	-370	7.7	14.7	12.5	-345	0.77	0	
	减少(%)					42.4	-147	70.24	39	8.89	-55.07	-22.22	79.38	65.63	78.13	-133	66.38	0	
2	8	1958	7	24	20.5	26.5	293	5.42	0.51	116	1 300	1 434	0.3	1.1	0.68	381	0.07	14.9	松树梁雨
	9	1958	7	29	20.4	51.2	221	13.9	1.18	4	2 431	2 476	10.7	21	16.9	122	1.85	14.9	松树梁雨
	相差				0.1	-24.7	72	-8.48	-0.67	112	-1 131	-1 042	-10.4	-19.9	-16.2	298	-1.78	0	
	减少(%)				0.488	-93.2	24.57	-156	-131	96.55	-87	-72.66	-3 467	-1 809	-2 385	78.22	-2 542.9	0	
3	16	1959	8	15	29.6	27.7	120	13.9	1.5	6	730	724	1.7	8.8	6.34	49	0.7	22.7	王家沟雨
	18	1959	8	20	30.8	104	909	6.86	0.48	100	2 419	2 340	27.4	26.2	58	570	6.37	22.7	羊道沟雨
	相差				-1.2	-76.3	-789	7.04	-1.02	-94	-1 689	-1 616	-25.7	-17.4	-51.7	-521	-5.67	0	
	减少(%)				-4.05	-275	-658	50.65	-68	-1 567	-231.4	-223.2	-1 512	-198	-815	-1 063	-810	0	

续表 5-30

组号	编号	洪水日期			前期影响雨量(mm)	降雨				径流					洪峰			水保治理度(%)	附注
		年	月	日		雨量(mm)	累计历时(min)	平均强度(mm/h)	30 min强度(mm/h)	洪水起点(min)	洪水结束(min)	洪水持续时间(min)	径流深(mm)	径流系数(%)	最大流量(m^3/s)	出现时间(min)	洪峰模数($m^3/s/km^2$)		
4	29	1962	7	14	41.8	83.6	636	7.89	0.53	14	3 715	3 811	25.8	24.3	12.8	470	1.41	14.2	
	30	1962	7	23	25.2	36.4	750	2.91	0.23	72	1 870	1 852	0.8	2.2	0.44	727	0.05	14.2	沟口雨
	相差				16.6	47.2	-114	4.98	0.3	-58	1 845	1 959	25	22.1	12.36	-257	1.36	0	
	减少(%)				39.71	56.46	-17.9	63.12	56.60	-414	49.66	51.40	96.9	90.95	96.56	-54.7	96.45	0	
5	36	1963	7	5	7.9	104	1 135	5.5	0.4	89	2 039	1 966	7.9	7.7	6.57	551	0.72	45.7	
	37	1963	7	19	3.6	27.7	45	36.9	1.9	5	395	450	2.1	11.2	9.25	30	1.02	45.7	沟口雨
	相差				4.3	76.3	1 090	-31.4	-1.5	84	1 644	1516	5.8	-3.5	-2.68	521	-0.3	0	
	减少(%)				54.43	73.37	96.04	-571	-375	94.38	80.63	77.11	73.42	-45.5	-40.8	94.56	-41.67	0	
6	47	1964	9	6	24.8	92	780	7.08	0.7	128	2 253	2 590	9.2	10.7	6.57	618	0.72	19.5	
	48	1964	9	11	40.5	41.5	660	3.77	0.17	114	1 500	1 384	2.1	4.9	1.6	463	0.175	19.5	
	相差				-15.7	50.5	120	3.31	0.53	14	753	1 206	7.1	5.8	4.97	155	0.545	0	
	减少(%)				-63.3	54.89	15.38	46.7	75.71	10.94	33.42	46.56	77.17	54.21	75.65	25.1	75.69	0	
7	66	1977	6	23		33.4	700	4.74	20	170	230	60	0.55	1.6	2.46	195	0.27	48.6	
	67	1977	7	5		79.5	925	4.77	17	55	335	338	0.71	0.9	1.34	318	0.15	48.6	
	相差					-46.1	-225	-0.03	3	115	-105	-278	-0.16	0.7	1.12	-123	0.12	0	
	减少(%)					-138	-32.1	-0.63	15	67.65	-45.65	-463.3	-29.1	43.75	45.53	-63.1	44.44	0	

从表 5-30 可见各对比组水土保持治理度基本相同,降水量不同,但其他因子不完全一致,有的相差较大,其洪水过程线如图 5-61 ~ 图 5-67 所示。

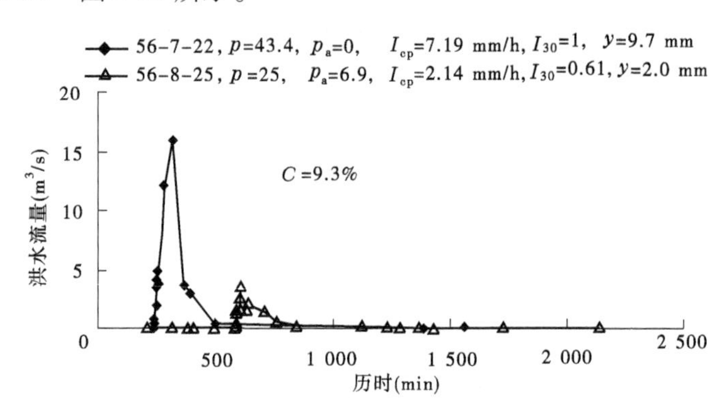

图 5-61　56 - 7 - 22 与 56 - 8 - 25 洪水过程比较图

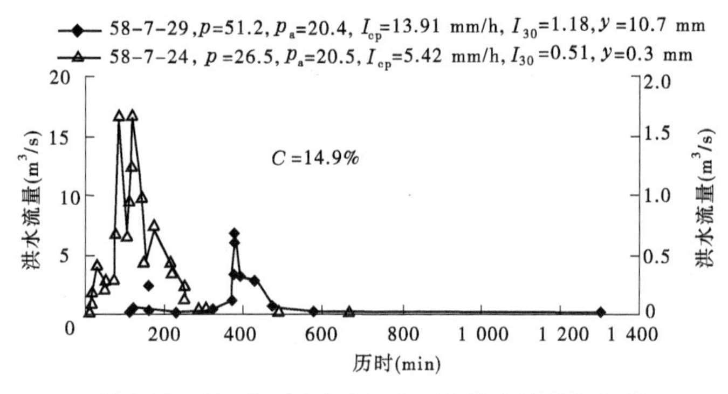

图 5-62　58 - 7 - 24 与 58 - 7 - 29 洪水过程比较图

图 5-61 ~ 图 5-67 是水保治理度一致,降水量不同的洪水过程比较图,从图中可见在水保治理度一致下,一般是降水量大的洪水也大,降水量小的洪水也小,如图 5-61、图 5-62、图 5-64 和图 5-66;但若降水量较小,而平均雨强大,洪水也不小,如图 5-63 和图 5-65

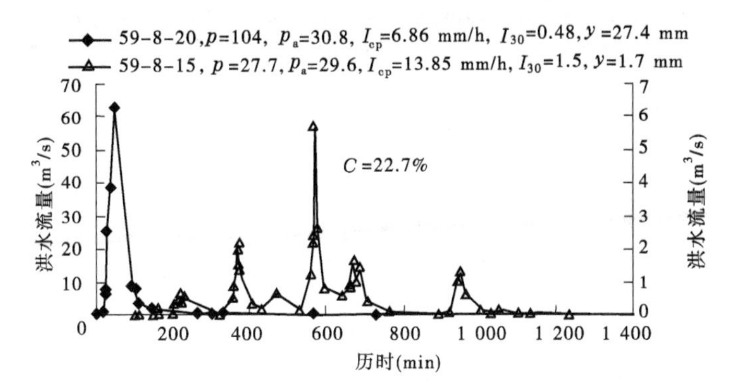

图 5-63　59－8－15 与 59－8－20 洪水过程的比较图

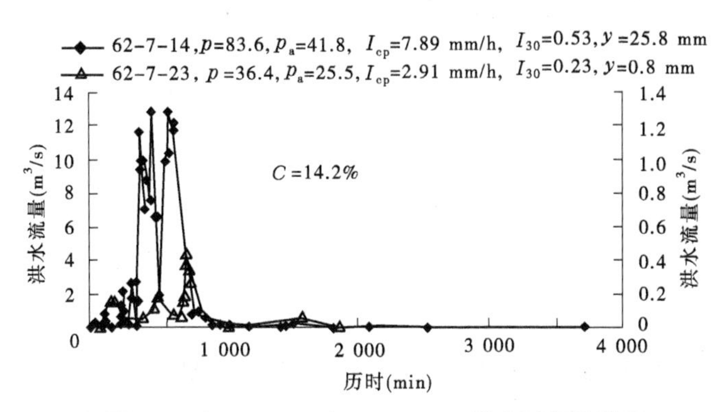

图 5-64　62－7－14 与 62－7－23 洪水过程比较图

中的小雨量大平均雨强时,其洪水也不小。

由以上图、表分析可以看出:

从王家沟径流小区的不同植被度试验,可得到水土保持对产汇流特性的影响是很明显的。当植被覆盖度为 20% ~40% 时,减水率为 54% ~64%;当植被覆盖度为 60% ~80% 时,减水率为 77% ~91%。植被对减少径流的作用随植被度的增高而增加,径流的减少随产流时间延长而衰减,衰减速度随植被度的增加而变缓。

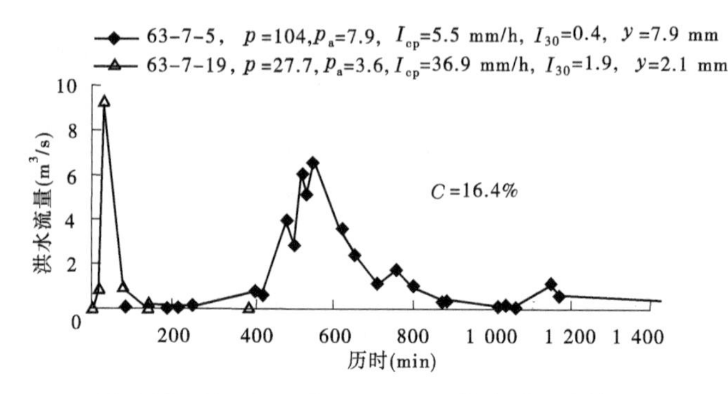

图 5-65　63－7－5 与 63－7－19 洪水过程比较图

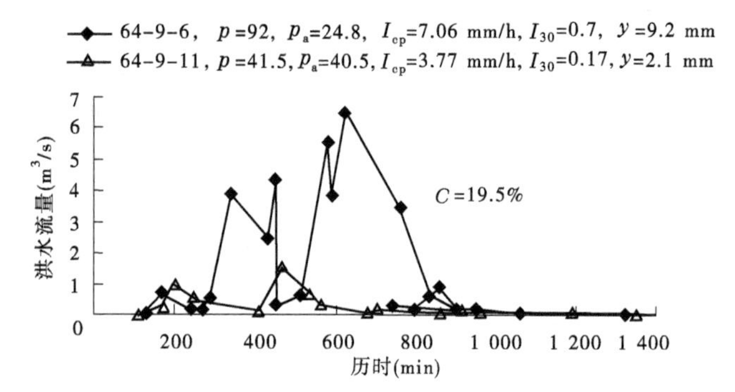

图 5-66　64－9－6 与 64－9－11 洪水过程比较图

对比沟同一年的降水条件完全相同，治理的插财主沟有显著的减水效益，1956～1970 年 15 年平均减水 54.4%。不同年如降水量基本相同，若降水强度不同，减水效益也不同，在降水条件不同，其减水效益明显不同。减水效益的大小与降水量，降水强度，水土保持措施的种类、质量、数量及其配置有关。水土保持对暴雨洪水的影响还是明显的，从治理的插财主沟与未治理的羊道沟对照可以看出，在相同的次暴雨条件下，治理的插财主沟径流深明显减小。

不同水保治理度对洪水起涨时间、洪水结束时间、洪水持续时

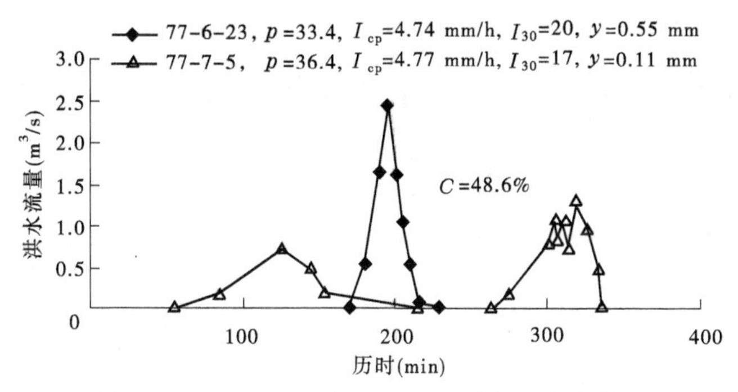

图 5-67　77－6－23 与 77－7－5 洪水过程比较图

间、最大洪水出现的历时和流量影响很明显，两条对比沟在同一次暴雨下所产生的洪水过程线，在治理初期，水保治理度的差别不大，其洪水过程也差别不大。在治理度达 50% 时，两条对比沟的洪水过程差别开始增大。在治理度达 78% 时，两条对比沟的洪水过程差别明显增大。

从未治理的羊道沟次暴雨下所产生的洪水过程线，一般是雨量大、雨强大的洪量也大；但若雨量大，平均雨强不大，洪量不一定大。前期雨量的大小影响洪水起涨历时，雨型不同，其洪水过程形状不同。

王家沟小流域是一条重点治理的典型小流域，据统计截至 1995 年累计水保治理面积达 680.31 hm^2，占流域面积的 74.76%，经计算王家沟小流域从 1955～1995 年 41 年来共拦蓄径流约 900 万 m^3，1967～1995 年水土保持措施的年减水量为 20 万～34 万 m^3。淤地坝对流域汇流的影响不可忽视，淤地坝被冲垮，减少径流的效益较低，在干沟修建了骨干坝，减少径流的效益就显著提高。从王家沟小流域治理前后对照，14 次暴雨洪水平均减少径流 53.9%。从次暴雨与洪水径流关系可看出随着水保治理度的增加，流域在相同次暴雨下洪水径流有减少的趋势。

第6章　三川河流域产汇流模式的变化

6.1　人类活动对三川河流域水文影响的阶段性

水文序列是流域下垫面在一定气候条件下的反映，对于一个流域来说，气候条件可以认为是一种自然的随机变化，不受人类活动等因素的影响，当流域受到人类活动等因素的影响而发生较大变化时，水文序列的平稳性就会遭到破坏，其时序变化将更加复杂，是序列固有的随机变化与干扰变化相综合的结果。

6.1.1　斯波曼秩次相关分析法

斯波曼秩次相关分析法主要是通过分析水文序列 α_i 与其时序 i 的相关性而检验水文序列是否具有趋势性。在运算时，水文序列 α_i 用其秩次 R_i（把序列 α_i 从大到小排列时，α_i 所对应的序号）代表，则秩次相关系数为

$$r = 1 - \frac{6\sum_{i=1}^{n} d_i^2}{n^3 - n} \tag{6-1}$$

式中　n——序列长度；

$d_i = R_i - i$。

如果秩次 R_i 与时序 i 相近，则 d_i 较小，秩次相关系数较大，趋势性显著。

通常采用 t 检验法检验水文序列的趋势性是否显著，统计量 T

的计算公式为

$$T = r\sqrt{(n-4)/(1-r^2)} \tag{6-2}$$

T 服从自由度为 $n-2$ 的 t 分布，原假设为序列无趋势，则根据水文序列的秩次相关系数计算 T 统计量，然后选择显著水平 α，在 t 分布表中查出临界值 $t_{\alpha/2}$。当 $|T| \geqslant t_{\alpha/2}$ 时，则拒绝原假设，说明序列随时间有相依关系，从而推断序列趋势明显；否则，接受原假设，趋势不显著。

6.1.2 有序聚类分析法

受人类活动显著影响后的水文序列在某种意义上异于原天然序列；在“类”的角度上，可将影响后的序列和原有序列（天然序列）视为两类，因此天然序列和影响后序列间突变点的推求可以采用有序聚类分析法。

利用有序聚类分析法推估水文序列的可能显著干扰点 τ_0，其实质上就是推求最优分割点，使同类之间的离差平方和最小，而类与类之间的离差平方和相对较大。最优点分割方法如下：

$$V_\tau = \sum (\alpha_i - \overline{\alpha}_\tau)^2 \tag{6-3}$$

$$V_{n-\tau} = \sum (\alpha_i - \overline{\alpha}_{n-\tau})^2 \tag{6-4}$$

式中 $\overline{\alpha}_\tau$——干扰点 τ 前的水文序列均值；

$\overline{\alpha}_{n-\tau}$——干扰点 τ 后的水文序列均值。

总离差平方和为

$$S_n(\tau) = V_\tau + V_{n-\tau} \tag{6-5}$$

最优分割使 $S_n^*(\tau) = \min[S_n(\tau)]$，满足该条件的 τ 为最优分割点。

6.1.3 人类活动对三川河流域水文影响的阶段性划分

流域径流是气候条件与下垫面共同作用的结果，而汛期径流系数一方面在一定程度上消除了气候因素波动的影响；另一方面，对人类活动影响的响应比较明显。

图 6-1 给出了三川河流域 1957 ~ 2000 年汛期径流系数及其 5 年滑动平均过程，由图 6-1 可以看出，径流系数呈现 3 级阶梯性递减趋势，1970 年和 1980 年左右大致为阶梯分界点。

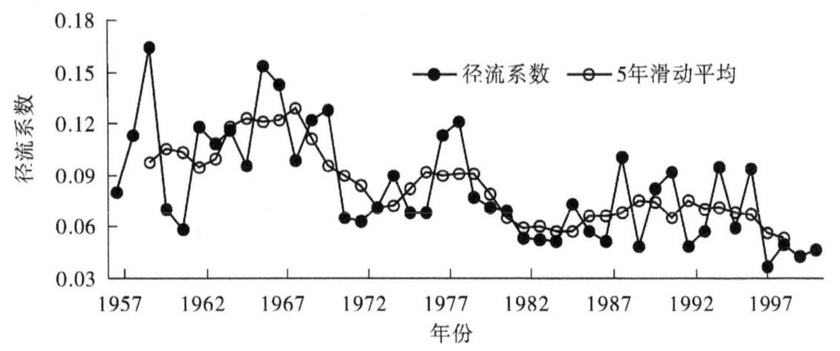

图 6-1　三川河流域汛期径流系数及其 5 年滑动平均过程

根据 1957 ~ 2000 年汛期径流系数计算斯波曼秩次相关系数为 0.67，相应的 T 统计量为 5.78，取显著水平 α 为 0.05，在 t 分布表上查出临界值 $t_{\alpha/2}$ 为 2.23，可见统计量 T 远大于相应的统计量，说明径流系数序列具有明显的趋势性，即人类活动对流域水文的影响显著。

以 1957 ~ 2000 年汛期径流系数为样本，利用有序聚类分析方法计算出与分割点 τ 对应的 $S_n(\tau)$，点绘 $S_n(\tau)$ 的时程变化（见图 6-2）。

由图 6-2 可以看出，$S_n(\tau)$ 呈现双谷底现象，其在 1971 年的值最小。根据最小值原理，以 1971 年为分界点，将序列划分为 1957 ~ 1970 年和 1971 ~ 2000 年两个阶段，采用斯波曼秩次相关分析法检验各段序列的平稳性，计算两段的 T 统计量分别为 1.23 和 3.87，可见 1957 ~ 1971 年序列相对平稳，无明显的趋势性变化，而 1971 ~ 2000 年序列趋势性显著。

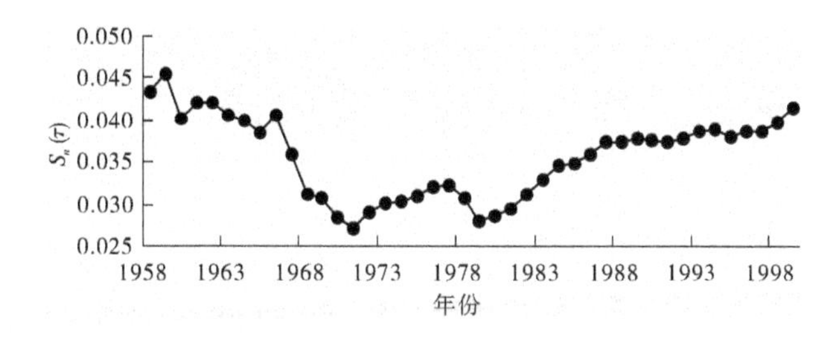

图 6-2　三川河流域 1957～2000 年 $S_n(\tau)$ 的时程变化

以 1970～2000 年汛期径流系数为样本进行有序聚类分析，点绘 $S_n(\tau)$ 的变化过程（见图 6-3）。可以看出，1979 年为人类活动的显著影响干扰点，计算 1971～1979 年和 1980～2000 年的斯波曼秩次相关系数为 0.23 和 0.78，相应的 T 统计量为 0.79 和 0.85，均小于临界值，说明序列平稳。

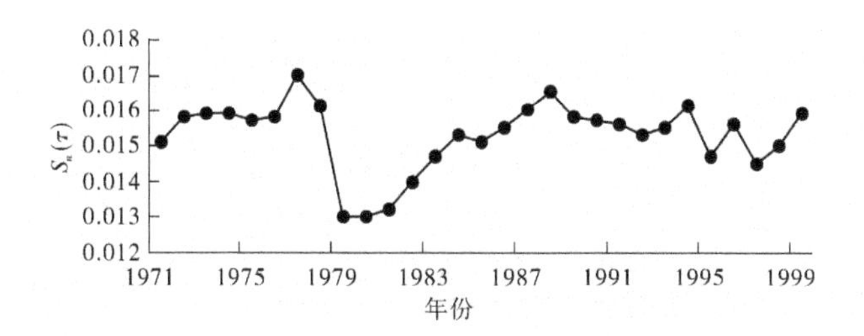

图 6-3　三川河流域 1970～2000 年 $S_n(\tau)$ 的时程变化

根据上述分析计算结果，后大成站 1957～2000 年的水文序列可划分为 1957～1970 年、1971～1979 年、1980～2000 年三个阶段，为方便分析及与以往成果进行比较，三个阶段适当调整为：1957～1969 年、1970～1979 年和 1980～2000 年。

6.2 流域产流机制及产流模式判别

6.2.1 流域产流机制

产流是指流域中各种径流成分的生成过程,其实质也就是在下垫面等各种因素综合作用下降水的分配过程。而产流机制则是径流各种组成成分生成的原因,与流域下垫面关系非常密切。常见的径流成分一般包括超渗地面径流、壤中径流、地下径流和饱和地面径流四种。由于下垫面状况的差异,可能出现各种产流机制的多种组合模式。目前有九种基本产流模式在一定程度上反映了流域产流的基本特征。表6-1中给出了这9种基本产流模式发生条件及影响因素。

表6-1 径流的不同组成、发生条件及影响因素

编号	径流组成	发生基本条件	表示方式
1	超渗地面径流	包气带很厚,土湿小,透水性差,降水强度相对较大;包气带虽不很厚,但久旱以后遇到大强度暴雨	R_s
2	超渗地面径流、壤中径流	相对不透水层很浅,但下层很厚,上层透水性差,下层更差,降水强度相对较大;久旱以后遇到大强度暴雨	R_s+R_{int}
3	饱和地面径流、壤中径流	相对不透水层很浅,但上层透水性极好,下层很厚,透水性很差,降水强度几乎不能超过地面下渗能力;久雨之后	$R_{sat}+R_{int}$
4	超渗地面径流、地下径流	包气带不厚,均质土壤,地面透水性一般,降水历时较长	R_s+R_g

续表 6-1

编号	径流组成	发生基本条件	表示方式
5	壤中径流、地下径流	包气带不厚,但相对不透水层较深,上层极易透水,下层略次,降水强度相对不大,几乎不可能超过地面下渗能力	$R_{int}+R_g$
6	壤中径流	包气带厚,相对不透水层浅,上层极易透水,下层透水性很差,降水强度几乎不可能超过地面下渗能力	R_{int}
7	超渗地面径流、壤中径流、地下径流	包气带不厚,存在相对不透水层,地面透水性差,下层更差,降水强度大,降水历时长	$R_s+R_{int}+R_g$
8	饱和地面径流、壤中径流、地下径流	包气带不厚,存在相对不透水层,地面极易透水,下层次之,降水强度小,降水历时长	$R_{sat}+R_{int}+R_g$
9	地下径流	包气带不厚,均质土壤,极易透水,降水强度几乎不可能超过地面下渗能力,降水历时长	R_g

在上述 9 种产流模式中,常见的产流模式有三种:

(1)R_s 型,其径流特征是只有超渗地面径流,没有(或少量)壤中径流及地下径流(指本次降水所直接形成的),称超渗产流;

(2)$R_{int}+R_g$ 型,含丰富的壤中径流和地下径流,称为蓄满产流;

(3)$R_s+R_{int}+R_g$ 型,包含超渗地面径流、壤中径流和地下径流三种成分,可称为超渗蓄满混合产流。

6.2.2 产流模式的判别及径流成分分割

通过流量过程变化特征与径流成分的分析,可对流域产流模式进行判别。超渗产流模式的特点是洪峰尖瘦、洪水过程陡涨陡落、曲线基本对称、洪水历时较短;蓄满产流模式具有洪水过程矮胖、缓涨缓落、洪水历时较长的特点;混合产流模式的产流特点为洪水过程陡涨缓落、“尾巴”肥且较长。

一些研究表明,黄土高原的产流机制以超渗产流为主,但同时具有地下径流成分,为方便分析,假定所有洪水都属于 $R_s + R_g$ 型产流模式,因此径流分割主要是区分地面径流与地下径流。

选取一些峰后无降水径流补给的退水过程,点绘于同一相邻时段流量关系图上,使其尾部重合,分离点即为本次洪水的地面径流终止点 *H*,重合部分即为地下径流。从理论上讲,一次洪水总径流量应是流量过程线与横轴包围的面积,但为计算方便,可进行如下简化,通过起涨点 *A* 作横轴的平行线交退水段与 *C* 点,则面积 *ABCDEA* 即为次洪总量。因为 *A* 点是上次洪水的退水段上的点,*C* 点是本次洪水退水段上的点,*A*、*C* 两点流量相同,其蓄水量也相等,即面积 *AFDA* 与面积 *CGEC* 相等,所以面积 *ABGFA* 与面积 *ABCEDA* 相等。

有了地面径流终止点 *H*,连接 *AH*,则面积 *AHCEDA* 即为地下径流量。而地面径流量则等于次洪总量减去地下径流量,即 *ABHA* 包围的面积。根据计算的次洪径流总量、地面径流量、地下径流量,分析各种径流成分的变化,便可以分析流域产流机制的变化。

6.3 三川河流域产流模式的变化

在三川河流域后大成站 1957 ~ 2000 年的实测洪水要素资料中,摘录 145 场洪水过程,从洪水的涨落速度、曲线对称性及洪水历时等方面,定性分析产流模式的变化。图 6-4 ~ 图 6-8 中绘出了各年代典型场次洪水过程线。

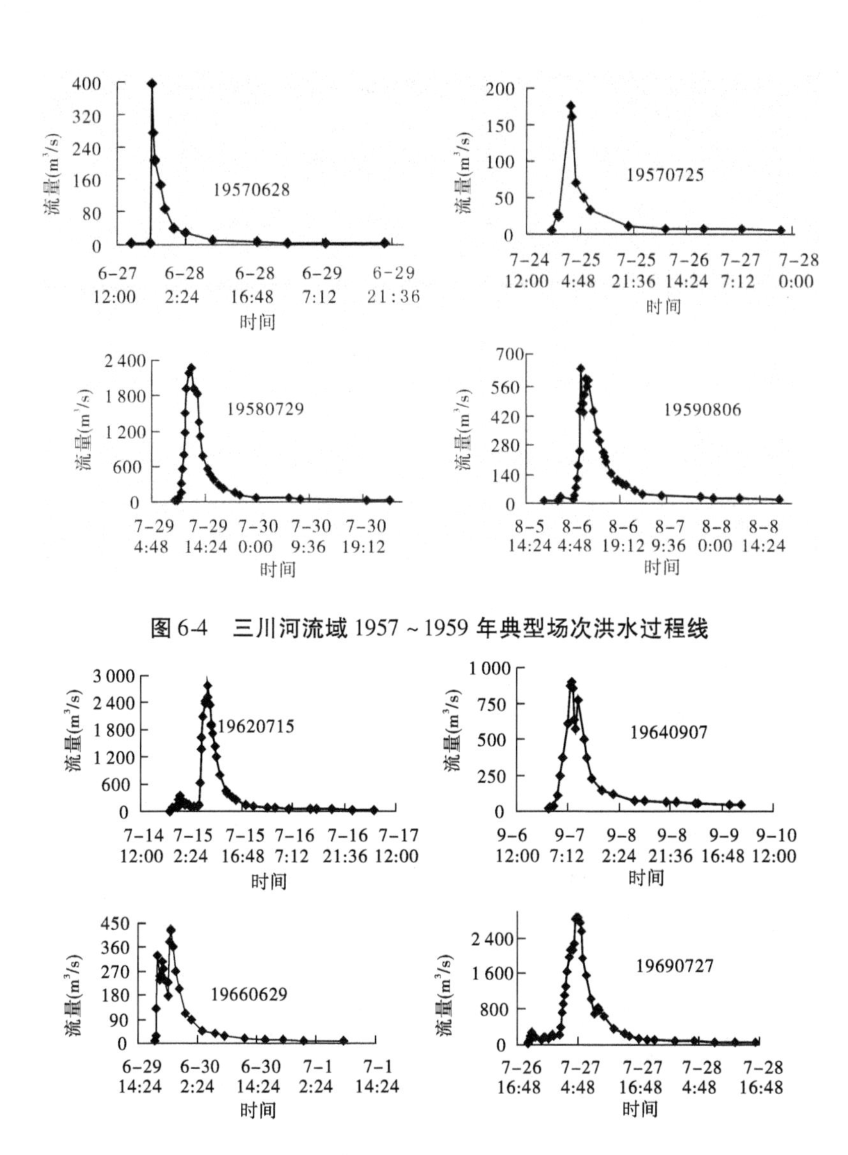

图 6-4　三川河流域 1957～1959 年典型场次洪水过程线

图 6-5　三川河流域 1960～1969 年典型场次洪水过程线

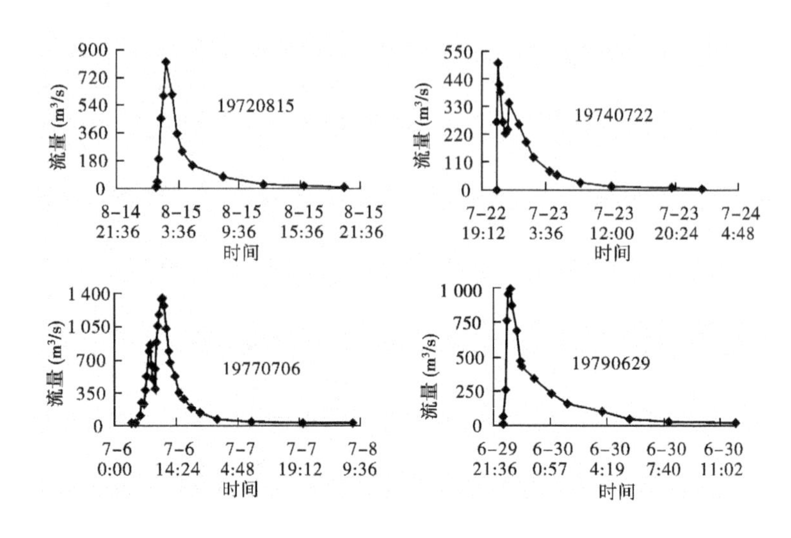

图 6-6　三川河流域 1970 ~ 1979 年典型场次洪水过程线

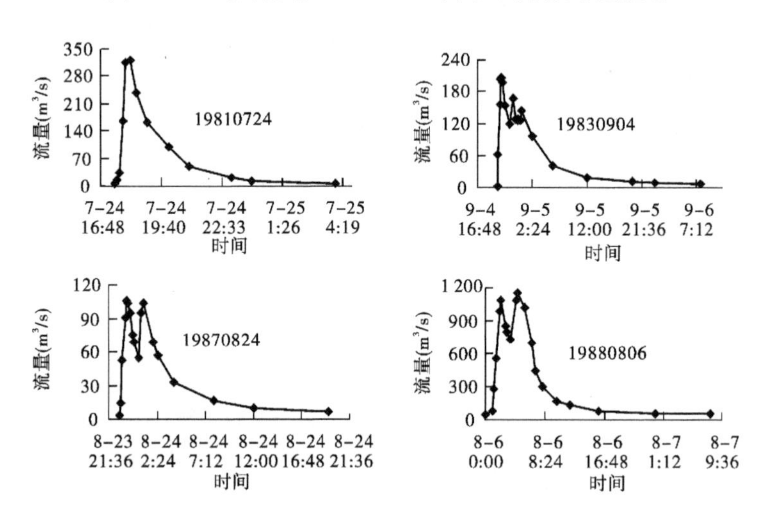

图 6-7　三川河流域 1980 ~ 1989 年典型场次洪水过程线

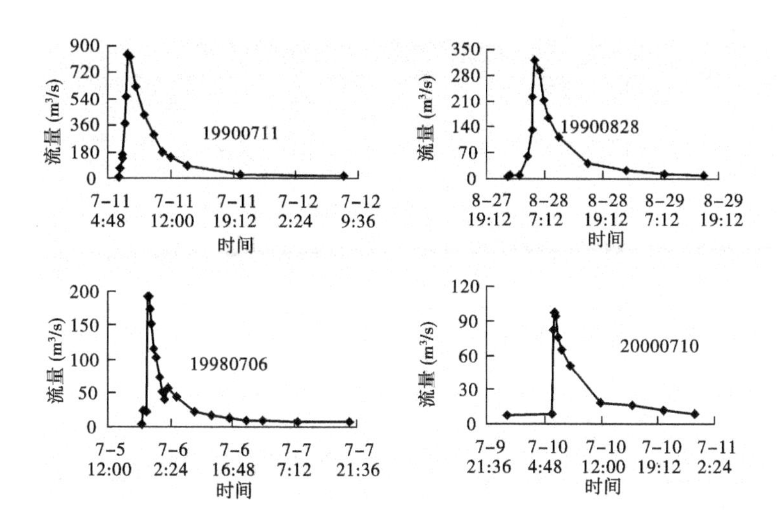

图 6-8 三川河流域 1990 ~ 2000 年典型场次洪水过程线

由图 6-4 ~ 图 6-8 可以看出:

(1)在 20 世纪五六十年代,洪水过程陡涨陡落,曲线基本对称,洪水历时短,洪水过程与降水较一致,雨停,径流很快消失。说明流量过程的水源补给是地面径流,很少有地下径流。

(2)在 20 世纪 70 年代以后的洪水,表现出陡涨缓落的特点,曲线具有不对称性,洪水历时变长,与降水不相适应,雨停,仍有径流。洪前洪后退水曲线不能重合,但退水曲线的抬高不多,说明地面径流依然是洪水流量的主要成分,但地下径流的补给有所增加。

上述分析表明,超渗产流是三川河流域主要的产流机制,但随着水土保持等人类活动影响的加剧,地下径流所占的比重有所增加。

表 6-2 给出了三川河流域逐年场次洪水的径流量、地面径流量、地下径流量及其所占百分比。

表 6-2　三川河流域场次洪水径流成分划分统计

时段（年）	洪次	洪峰流量（m^3/s）		总次洪量（$\times 10^4\ m^3$）	地面径流		地下径流	
		平均	最大		径流量（$\times 10^4\ m^3$）	百分比（%）	径流量（$\times 10^4\ m^3$）	百分比（%）
1957～1959	9	1 045.0	2 910	25 744.7	21 523.8	83.6	4 220.9	16.4
1960～1969	39	537.3	4 070	54 723.5	41 508.0	75.9	13 215.5	24.1
1970～1979	42	393.2	1 350	48 364.3	34 496.5	71.3	13 867.8	28.7
1980～1989	37	279.7	1 160	30 205.7	19 474.2	64.5	10 731.5	35.5
1990～2000	18	315.5	671	11 752.5	7 817.5	66.5	3 935.0	33.5
1957～2000	145	433.8	4 070	170 790.7	124 820.0	73.1	45 970.7	26.9

注:1990～2000 年中缺少 1991～1997 年资料。

由表 6-2 可以看出：

(1)平均洪峰流量具有递减趋势,20 世纪 50 年代平均洪峰流量超过 1 000 m^3/s,而 80 年代最低,平均不到 300 m^3/s;最大洪峰流量为 4 070 m^3/s,出现在 20 世纪 60 年代,90 年代最大洪峰流量为 671 m^3/s。

(2)地面径流占总径流量的百分比也具有递减趋势,在 20 世纪 50 年代高达 83.6%,在八九十年代为 65% 左右。说明水土保持措施等人类活动在一定程度上削减了洪峰,增大了地下径流成分,使产流模式发生了变化。

第 7 章 流域水文模型在三川河流域的应用

7.1 流域水文模型分类及其选择标准

流域水文模拟是人们在认识水文规律的基础上,对流域水文的一种数学描述。流域水文模型是水文学科中最重要的一个分支,也是进一步研究水文规律和解决水文实践问题的主要工具。流域水文模型的研究起始于 20 世纪 50 年代,为满足水文预报、水资源评价和水利工程规划设计等不同目的的需要,水文学者提出或建立了各种各样的水文模型。

7.1.1 流域水文模型分类

根据反映水流运动规律的科学性和复杂程度,流域水文模型可以分为以下三大类:

(1)系统模型(也称为黑箱子模型,black-box model,或者数据驱动模型,data-driven model)。这类模型将研究流域作为一种动力系统,利用输入与输出资料,建立某种关系式。该类模型注重模拟精度而不考虑输入与输出之间的物理关系,具有代表性的模型有:简单线性模型(SLM)、约束线性系统模型(CLS)、线性可变增益因子模型(VGFLM)、神经网络模型(ANN)等。

(2)概念性水文模型(conceptual model)。这类模型通过对产汇流物理过程的概化,利用一些简单的物理概念和经验关系来近似地描述水流在流域的运行状态。由于这类模型对流域资料要求简单，同时又具有一定的物理理论基础和模拟精度，目前应用最为广泛。据不完全统计，全世界已经提出或建立了数以百计的概念性流域水文模型；其中在世界范围内比较著名且应用较为广泛的集总式水文模型有：澳大利亚水量平衡模型（Australia Watar Balance Model，简称 AWBM）、日本国家防灾研究中心的水箱模型（TANK）、美国陆军工程兵团的径流综合和水库调节模型（SSARR）、斯坦福Ⅳ模型（Stanford Watershed Model-Ⅳ）、美国国家气象局的水文模型（NWSH）、美国国家气象局河流预报中心的萨克拉门托河流预报中心水文模型（SRFCH）、苏联水文气象中心降水径流模型（HMC）和我国的新安江模型等。

（3）物理模型（physically-based model）。这类模型是依据水流的连续方程和动量方程来求解的水流时空变化规律的模型。目前与 DEM（Digital Elevation Modol，数字高程模型）密切联系的分布式水文模型就属于这类模型。这类模型的提出主要得益于近些年来计算机技术和 3S 技术的迅速发展，人们可以快速提取有益于产流计算的流域信息，使得水文学者更注重对水文物理过程的描述。目前，比较流行的基于物理过程的分布式水文模型有：VIC 模型（Variable Infiltration Capcity model）、SWAT（Soil and Water Assessment Tool）2000 模型和在欧洲应用相对较多的 MIKE-SHE 模型等。

基于物理的分布式模型研究是当前流域水文模拟技术的热点和发展趋势，这类模型参数的确定在理论上可以脱离水文气象资料，只用流域的一些物理特征进行确定。但是，限于对复杂流域水文规律的认识及海量数据的需求，这类模型目前还不能得到广泛应用，并且其精度也不能得到保证。而具有一定物理基础和模拟精度的集总式概念性水文模型不仅是分布式水文模型研究的基础，而且也是目前水文分析计算和流域管理中的重要手段与工具之一。

7.1.2 流域水文模型的选择标准

当气候情景确定时,一般采用气候情景驱动流域水文模型的途径计算分析气候情景下流域的水资源情势和流域水文状况。另外,应用水文模型评价环境变化对水文水资源的影响有下列优点和长处:

(1)现已有多种水文模型,模拟技术较为成熟,可从中选择或建立一个适合本流域的模型进行评估;

(2)可用现有的水文资料来率定模型参数;

(3)流域水文模型可输出土壤湿度、径流量组成等水文要素的变化过程;

(4)流域水文模型可用来评价水文要素对气候变化的敏感度。

模型的选择是非常重要的,在加拿大气候和大气科学基金项目(Canadian Foundation for Climatic and Atmospheric Sciences,简称 CFCAS)"环境变化条件下水资源的风险和脆弱性评估"中,Juraj M. Cunderlik(2003)详细地讨论了环境变化影响评价模型的选择标准,认为模型的选择首先必须考虑以下三个面:

(1)模型输出是否能够满足项目所要求的评价目标;

(2)流域资料是否可以满足模型所需要的资料要求;

(3)模型的可利用性或对模型的投资是否物有所值。

在以往研究黄河水沙变化的项目中,大多学者都是利用实测资料各自建立统计模型,或者移植改进一些在其他流域使用过的模型,事实上,这样不仅在一定程度上做了大量的重复劳动,而且也浪费了一些可利用的模型资源。因此,从现有众多的水文模型中,选取一个或几个适合于研究流域的水文模型,不仅可检验、拓展模型的适用范围,而且也可节省大量的模型研制成本。

环境变化主要指气候变化和流域下垫面等自然条件的变化,

环境变化对流域水文水资源的影响研究涉及的流域大小可以是涵盖各种尺度的,但涉及的时间尺度一般是较大的。在开展该项研究中,根据下述标准选择模型:

(1)模型的内在精度。

采用水文模拟途径分析环境变化对流域水文的影响是以水文模型具有较高模拟精度为前提的,所使用的模型必须能够满足项目分析的精度要求。世界气象组织(WMO,1975,1986,1987)先后三次对各种水文模型进行了验证和比较,得出如下结论:对于湿润流域,所有模型都能得到较好的结果;对于干旱半干旱流域,显式模型,如水量平衡模型要明显优于其他模型;当资料质量较差时,简单模型的计算结果要优于复杂水文模型的。因此,并不能根据模型的复杂程度来选择模型,而是通过检验,选取具有一定模拟精度的模型。模型的内在精度是选择模型的首要标准。

(2)模型的可利用性或模型投资。

尽管目前已开发研制了众多的水文模型,但有些价格昂贵,远超出项目承受能力,因此物美价廉应该是选择模型的一个重要标准。

(3)模型的结构及参数。

当流域环境发生明显变化时,应能及时对水文模型参数进行调整,以反映未来的变化趋势。目前,世界上一些有名的流域水文模型,如斯坦福Ⅳ模型,萨克拉门托模型、SSARR 模型等,对产汇流过程进行了详细的描述,但参数较多,不易确定,因此这类较复杂的流域水文模型一般不用来研究气候变化对水文水资源的影响。由于水文模型的一个通用弊病是参数之间存在互补性,从而给分析结果带来较大的不确定性,而结构简单、参数物理意义相对明确可在一定程度上避免参数之间的相互补偿,因此宜选择结构简单、参数较少且具有一定物理解释的模型。

(4)模型的灵活性与地域适应性。

由于地理、气候条件和水文特性的差异，一个针对特定流域研制的水文模型很难直接应用到其他流域，而研究环境变化情势下的流域水文过程，类似于模型在另外一种环境下应用，因此就需要模型具有较大的灵活性和地域适应性。

（5）模型对资料的要求。

尽管模型需要流域的水文气象资料来进行率定，要求研究流域有足够长的资料可用来检验模型。但是，模型也不能对资料要求过于苛刻，如果大多数流域资料不能满足模型的资料要求，模型也就失去了自身的使用价值。

7.2 集总式流域水文模型

随着数字黄河工程的建设，流域水文模型将成为科学维持黄河健康生命的重要手段之一。尽管分布式流域水文模型是当前的研究热点，限于资料需求的复杂性，该类模型尚未能多数流域应用。目前，集总式流域水文模型依然广泛应用于水文预报、水量调度、水资源优化配置等多个领域，是流域现代管理的重要工具。综合考虑模型的5项选择标准，初步选定5个集总式流域水文模型，利用黄河中游典型支流的资料对模型进行验证。初选的5个模型分别为：

（1）澳大利亚水量平衡模型；

（2）SIMHYD水文模型；

（3）萨克拉门托模型；

（4）土壤湿度计算及演进模型；

（5）水箱模型。

7.2.1 澳大利亚水量平衡模型

水量平衡模型（AWBM）是一种以水量平衡原理为基础的水

文模型，它以降水、温度等气象因子作为输入，将各水文要素之间的关系概化成经验公式，通过该经验公式来模拟流域水文过程。水量平衡模型的主要研究内容是流域实际蒸散发、产流以及地下水补给的处理，月水量平衡模型将整个流域的水文过程描述为一连串水分储蓄和流动过程。

Boughton（1995）提出澳大利亚水量平衡模型（AWBM），它是一个基于水量平衡原理的降水径流模型。其计算时段可以是小时、日或者月。模型的输入包括三部分：逐时段降水量、流域蒸散发能力和实测径流量，流域蒸散发能力通常由实测的潜在水面蒸发代替。澳大利亚水量平衡模型结构框图如图 7-1 所示。

模型中设置 3 种不同的地表水储蓄，其储蓄容量分别为 $C1$、$C2$ 和 $C3$，三种地表水储蓄的面积与流域面积的百分比分别为 $A1$、$A2$ 和 $A3$，并满足限制条件 $A1+A2+A3=1$。一般设置 $A1=0.134$，$A2=A3=0.433$。不同地表水储蓄之间相互独立，根据水量平衡原理计算每个时段的储蓄量。其水平衡方程为

$$Store(n,m) = Store(n-1,m) + Rainn - Evapn \tag{7-1}$$

式中 $Store(n,m)$ 和 $Store(n-1,m)$——第 m 个地表水储蓄在第 n 个和第 $n-1$ 个时段内的蓄水量；

$Rain(n)$ 和 $Evap(n)$——第 n 个时段内的降水量和潜在蒸发能力；

n——计算时段序号；

m——地表水储蓄序号，$m=1\sim3$。

在模型计算过程中，如果地表水储蓄量为负值，则设置为 0；若地表储蓄量超过其储蓄容量，超过的部分（$EXCES$）将根据基流指数（BFI）转变为地表径流和补充基流储蓄。

$$EXCES(n,m) = Store(n,m) - C(m) \geqslant 0 \tag{7-2}$$

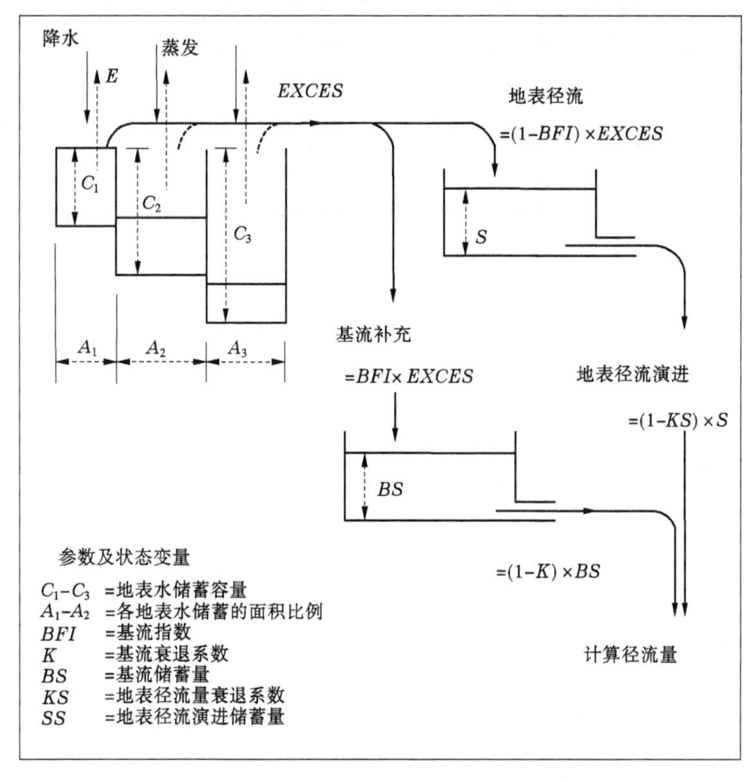

图 7-1 澳大利亚水量平衡模型结构框图

$$Sn = S(n-1) + \sum_{m=1}^{3}[(1-BFI)\times EXCES(n,m)] \quad (7\text{-}3)$$

$$BSn = BS(n-1) + \sum_{m=1}^{3}[BFI \times EXCES(n,m)] \quad (7\text{-}4)$$

式中 $S(n)$ 和 $S(n-1)$——第 n 和第 $n-1$ 个时段内的地表径流演进储蓄量；

$BS(n)$ 和 $BS(n-1)$——第 n 和第 $n-1$ 个时段内的基流储蓄量。

地表径流和基流的演进采用两个衰退常数根据一阶线性水库出流理论计算，最后线性叠加演进的地表径流和基流，得到时段计算径流量。

$$Q_S n = (1 - KS) \times Sn \tag{7-5}$$

$$Q_b n = (1 - K) \times BSn \tag{7-6}$$

$$Q_C n = Q_S n + Q_b n \tag{7-7}$$

式中 K 和 KS——基流和地表径流衰退系数；

$Q_S(n)$ 和 $Q_b n$ ——地表径流和基流；

$Q_C(n)$ ——时段内计算径流量。

7.2.2 SIMHYD 水文模型

1971 年，澳大利亚人 Porter 提出了概念性日降水径流模型 HYDROLOG。该模型通过日降水量和蒸发能力数据模拟日流量，结果较好，但是它的参数众多，也给实际应用带来不便。Chiew 等提出了 HYDROLOG 的简化版本 SIMHYD 水文模型。该模型属于简单集总式水文模型。该模型的 1 个特点是考虑了超渗和蓄满 2 种产流机制。20 世纪 60 年代，以赵人俊为首的我国学者通过大量的渗试验和分析研究，指出湿润地区以蓄满产流为主和干旱地区以超渗产流为主。因此，SIMHYD 水文模型可以在多个干旱、湿润流域得到广泛的应用。并且，SIMHYD 水文模型把 HYDROLOG 模型的 17 个参数简化为 7 个参数，具有概念清晰、结构合理、参数较少、调参方便和计算精度较高等优点。

在模型计算过程中，河川径流由地表径流、壤中径流和地下径流 3 种成分组成，模型的计算时段可以是小时、日或者月。模型的输入包括三部分：逐时段降水量、流域蒸散发能力和实测径流量。目前，该模型已在美国、澳大利亚等多个湿润、干旱流域中得到应用。SIMHYD 水文模型的结构框图如图 7-2 所示，计算过程及原理介绍如下。

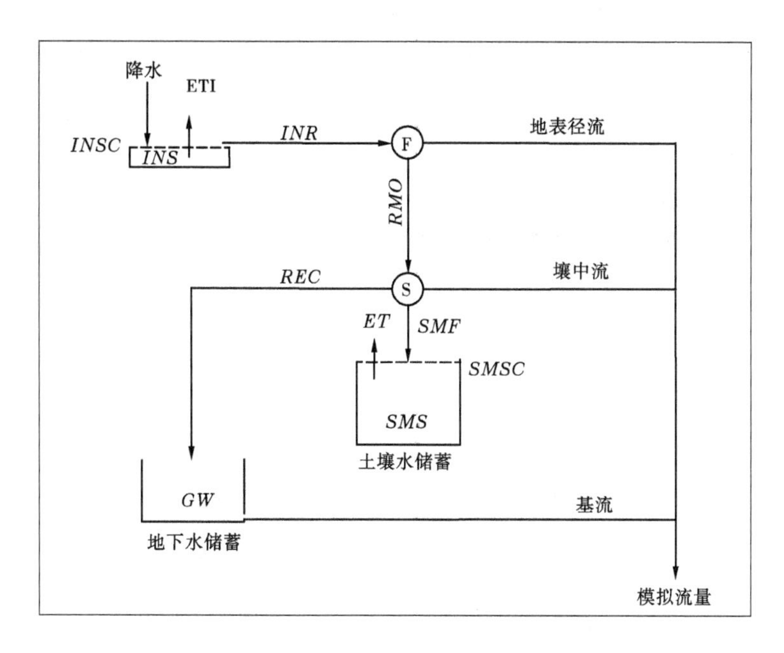

图 7-2　SIMHYD 水文模型的结构框图

模型计算过程：降水首先被地表植被截流，若剩余部分降水超过流域下渗能力，则超过部分形成地表径流，下渗水量分别转化为壤中径流、补充地下水和土壤水。根据地下水储蓄量，按照线性水库出流理论计算基流，基于蓄满产流机制，同时考虑流域空间不均匀的影响，引入土壤含水量线性估算壤中径流；最后，线性叠加地表径流、壤中径流和基流，得到模拟的河川径流。

蒸发损失计算：蒸发损失包括两部分，即地表植被截流水分蒸发和土壤水分蒸发，其中，植被截流水分按蒸发能力的速率大小损耗，而土壤水蒸发则根据土壤含水量和剩余蒸发能力计算，计算公式为

$$ETI = \min(INS, PET) \tag{7-8}$$

$$ET = \min\left(10 \times \frac{SMS}{SMSC}, POT\right) \tag{7-9}$$

$$POT = PET - ETI \tag{7-10}$$

式中　ETI——地表植被截流水分蒸发；

ET——土壤水蒸发；

INS——植被截流储蓄量；

PET——潜在蒸发能力，一般由实测水面蒸发替代；

SMS——土壤湿度；

$SMSC$——土壤蓄水容量；

POT——剩余蒸发能力。

土壤下渗量计算：下渗计算是整个模型计算的核心，假定下渗率与土壤含水量之间具有负幂指数关系，土壤下渗量计算公式为

$$RMO = \min\{INF, INR\} \tag{7-11}$$

$$INF = COEFF \times e^{\left(-SQ \times \frac{SMS}{SMSC}\right)} \tag{7-12}$$

$$INR = \max\{(RAIN + INS - INSC), 0\} \tag{7-13}$$

式中　RMO——土壤下渗量；

INF——下渗率；

$COEFF$——最大下渗损失；

SQ——下渗损失指数；

INR——扣除植被截流部分的降水；

$RAIN$——时段降水；

$INSC$——参数，截流储蓄容量；

INS——截流储蓄量，按照水量平衡计算。

三种径流成分及模拟径流的计算：模型将河川径流划分为3种组成，即地表径流、壤中径流和基流，计算公式分别为

$$IRUN = INR - RMO \tag{7-14}$$

$$SRUN = SUB \times \frac{SMS}{SMSC} \times RMO \tag{7-15}$$

$$BAS = K \times GW \tag{7-16}$$

$$RUNOFF = IRUN + SRUN + BAS \tag{7-17}$$

式中 $IRUN$——地表径流；

$SRUN$——壤中径流；

BAS——基流；

$RUNOFF$——模拟的径流量；

SUB——壤中径流出流系数；

K——地下径流系数；

GW——地下水储蓄量。

三种水分储蓄量的计算:模型中包括 3 种水分储蓄,分别为地表植被水分储蓄、土壤湿度和地下水储蓄。其中,土壤湿度是最为重要的中间状态变量,在一定程度上决定了壤中径流、地下水补充量的计算,根据水平衡原理分别计算三种水分储蓄量。土壤湿度补充量和地下水储蓄补充量计算公式为

$$REC = CRAK \times \frac{SMS}{SMSC} \times (RMO - SRUN) \tag{7-18}$$

$$SMF = RMO - SRUN - REC \tag{7-19}$$

式中 REC——地下水储蓄补充量；

SMF——土壤湿度补充量；

$CRAK$——地下水补充系数。

7.2.3 萨克拉门托模型

萨克拉门托模型(SARCROMENTO 模型,简称 SARC 模型)由美国国家气象局和加利福尼亚水资源部联合研制而成(Burnashd 等, 1972),其物理机制比较符合自然界径流形成过程。由于该模型克服了某些成因方法计算繁杂、对资料要求苛刻等问题,应用起来比较方便可行。因此,自模型问世后便得到了水文界的广泛重视,应用成果也日益增多。

模型利用一系列具有一定物理概念的数学表达式来描述水分的运动过程，具有较强的物理概念和广泛的适用性。SARC 模型是集总参数型的连续运算的确定性流域水文模型，是用一系列具有一定物理概念的数学表达式来描述的概念性模型，是以土壤含水量储存、渗透、排水和蒸散发的物理过程为基础进行综合模拟河川径流的流域模型，模型的参数、所用的变量和模拟的过程具有一定的物理意义，易于理解和便于根据实测的降水、流量及流域特征资料估算其初值。

SARC 模型是我国引进较早的流域水文模型之一，目前已应用于我国的多个流域。该模型结构相对较为复杂，有 17 个参数，SARC 模型的结构框图如图 7-3 所示，其计算原理简述如下：

SARC 模型的核心部分就是其土壤含水量模型。在计算过程中，模型将流域面积分为三部分，即透水面积、不透水面积、可变不透水面积；其径流由直接径流、地面径流、壤中径流和地下径流组成。

模型的一个显著特点就是将土层垂向分为两层，上、下两层分别有两种水：张力水和自由水。张力水只消耗于蒸发，自由水可向下渗漏及向旁侧出流，在一定条件下也可以补给张力水。模型上、下土层通过 Holtan 下渗曲线联系起来，自由水自上层向下层渗透量的大小由上、下层含水量情况决定。

在透水面积上设计了土壤含水量模型，其结构分为上、下两层，每层蓄水量又分为张力水和自由水。降水首先补充给上层张力水，当张力水饱和达到张力水蓄水容量后，其多余的水补充给上层自由水。张力水的消退为蒸散发，自由水渗透到下层形成下层张力水和下层自由水，其中下层自由水又分为下层浅层自由水和下层深层自由水。SARC 模型的径流成分包括不透水面积上的直接径流，可变不透水面积上的直接径流和地面径流，透水面积上的地面径流、壤中径流、浅层和深层地下径流。

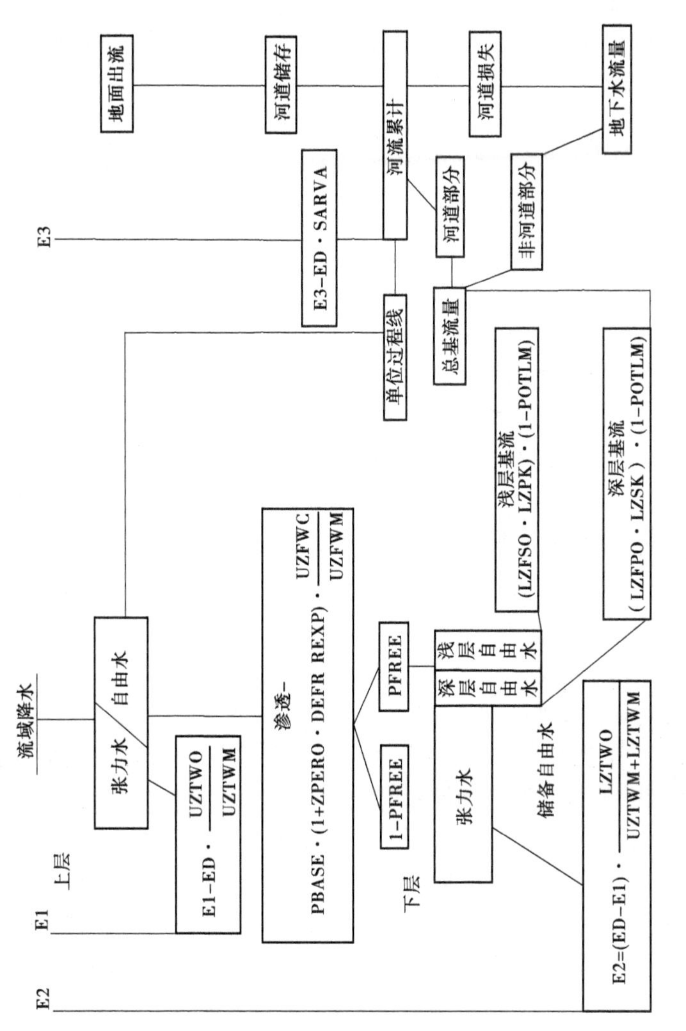

图 7-3 SARC 模型的结构框图

直接径流由不透水面积和可变不透水面积上的降水形成，上层土壤水容量全部满足后的过剩降水形成地表径流；壤中径流和地下径流分别源于上层自由水和下层自由水，按照一阶线性水库出流理论计算。

7.2.4 土壤湿度计算及演进模型

土壤湿度计算及演进模型（Soil Moisture Accounting and Routing model，简称 SMAR 模型）由爱尔兰的 P.E.O' Connell 等于 1970 年提出，为概念性水文模型。该模型已被介绍到世界各地，在我国也有人将其用于水文预报。同其他水文模型一样，SMAR 模型自提出以来也在应用中不断得到发展、改进。目前，该模型及其改进型已应用于我国长江等一些湿润地区，SMAR 模型的结构框图如图 7-4 所示。模型计算原理简述如下：

该模型由水量平衡（降水扣损产流计算过程）和汇流计算两部分组成。在产流计算中，将流域模拟为由若干具有一定蓄水能力的水平土壤层垂直叠加而成；蒸发计算现从最上层开始，第一层蒸发按最大蒸发能力计算，当第一层土壤含水量消耗完，第二层开始蒸发，并按剩余蒸发能力乘以衰退系数 C 进行，以此类推，直至蒸发能力满足或整层土壤含水量消耗完。扣除蒸发后的降水量，从上至下补充土壤含水量，直至降水补充完毕或所有土层全部蓄满，多余的雨量则形成径流量。

在汇流计算中，地表径流由 Nash 多级串联“线性水库”模型进行演算，地下径流按一阶线性水库计算；然后线性叠加得到流域出口流量过程。该模型是以蓄满产流为基础，有 9 个参数需要率定。实践证明，该模型可以较好地适用于一些湿润、半湿润地区。

7.2.5 水箱模型

水箱模型又称 TANK 模型，最早由日本菅原正巳博士在 20 世

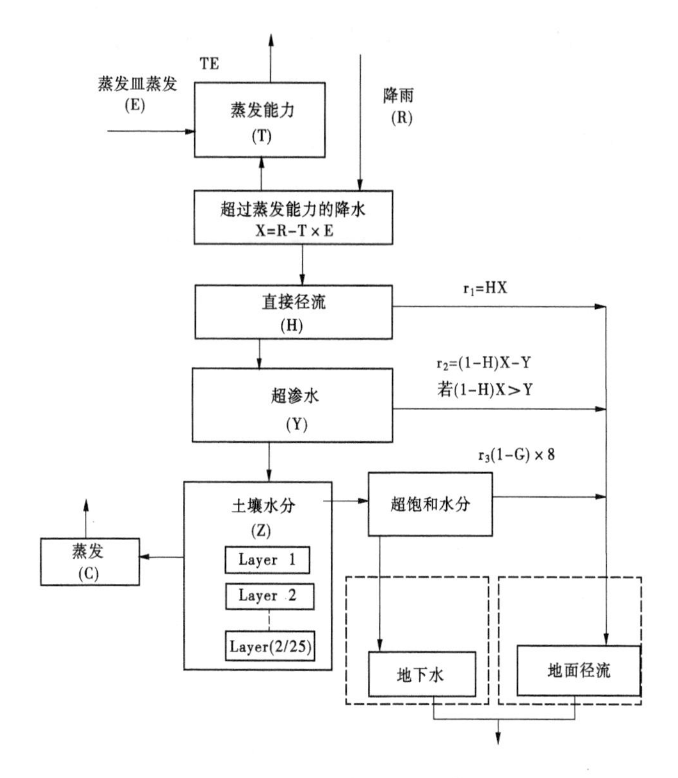

图 7-4 SMAR 模型的结构框图

纪 40 年代提出，近年来在洪水预报、流域模型、水库调度等方面得到了广泛的应用。该模型将流域视为一个或几个水箱，经过水箱调蓄把降水过程转化为出口断面的径流。水箱(TANK)模型由一系列概念性水箱代表，其中，第一个水箱中的水量来自降水，下一较低层的水箱中的水量由上层水箱入渗补给。每一个水箱中的水量一部分通过边壁出口排出，另一部分通过底部出口入渗排泄到下一较低层的水箱中。径流量或通过每一出口的入渗水量与出口处的水头呈线性相关。该模型目前已应用到我国的多个湿润及半

干旱流域,TANK 模型的结构框图如图 7-5 所示,计算原理简述如下:

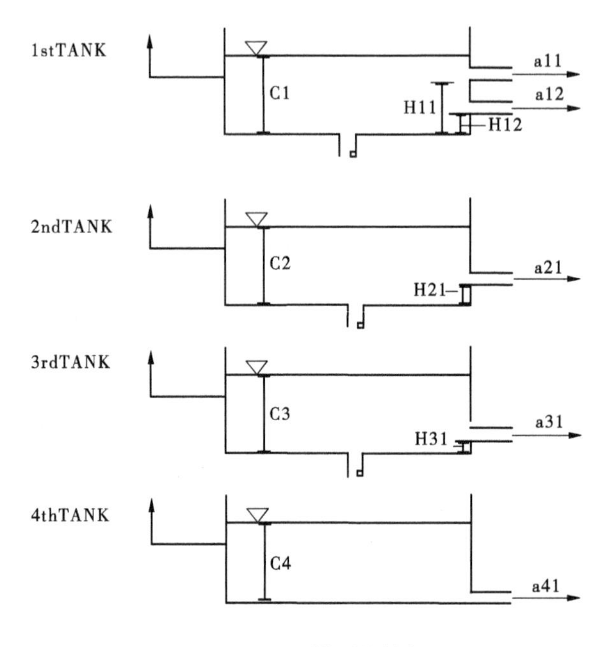

图 7-5　TANK 模型结构框图

如图 7-5 所示的 TANK 模型由 4 个水箱垂向串联而成,每个水箱都有一个或几个侧向出流孔和一个底部下渗出流孔。模型假定出流孔的出流大小与水箱蓄水量为线性函数关系,降水进入上层水箱,一部分水通过旁侧出流孔流出,一部分通过底孔进入下一级水箱,一部分损耗于蒸发。线性叠加旁侧出流得到河道流量。

TANK 模型的特点是计算原理简单,其不足是参数较多,有 18 个参数需要根据实测资料率定。

7.3 分布式流域水文模型

7.3.1 SWAT 模型

SWAT(Soil and Water Assessment Tool) 模型是由美国农业部农业研究服务中心研制开发的分布式流域水文模型,其主要目的是模拟预测土地利用、土地经营管理方式等对流域水量、水质等方面的影响。SWAT 模型中水文循环示意图如图 7-6 所示。

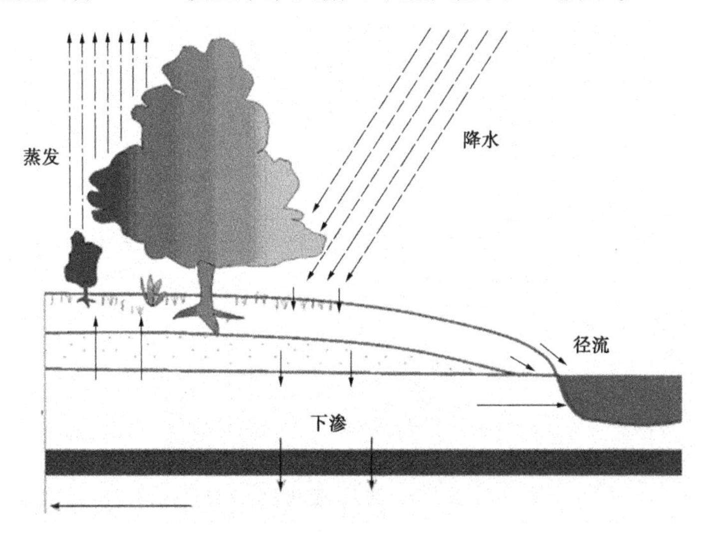

图 7-6 SWAT 模型中水文循环示意图

为处理水文气象要素空间分布不均匀性,SWAT 模型首先依据流域出口水文站的位置和流域的 DEM 将整个流域划分成若干个子流域,然后在子流域的基础上依据土地覆被类型和土壤类型进一步划分成多个水文响应单元,并计算每个子流域的基本参数,具体包括 DEM、面积及其百分比、坡度、流域形状系数等。

径流计算需要较为详细的气象资料和下垫面资料，气象资料具体包括降水、气温、太阳辐射、风速、相对湿度等；而下垫面资料包括植被、土壤类型等。模型的水量平衡表达式为

$$SW_t = SW_0 + \sum_{i=1}^{t} (R_{day} - Q_{surf} - E_i - W_{seep} - Q_{gw}) \quad (7\text{-}20)$$

式中 SW_t——计算时段末的土壤含水量；

SW_0——时段初的土壤含水量；

t——时间步长；

R_{day}——时段内的降水量；

Q_{surf}——时段内地表径流量；

E_i——时段内的蒸发量损失；

W_{seep}——时段内的旁测出流量；

Q_{gw}——时段内的地下径流量。

SWAT 模型可以采用 SCS 模型和 Green Ampt 下渗模型计算地表径流。二者的表达式分别为

SCS 模型：

$$Q_{surf} = \frac{\{R_{day} - 0.2[25.4(1\,000/CN) - 10]\}^2}{\{R_{day} + 0.8[25.4(1\,000/CN) - 10]\}} \quad (7\text{-}21)$$

Green Ampt 下渗模型：

$$f_{inf,t} = K_e \cdot \left(1 + \frac{\Psi_{wf} \cdot \Delta\theta_v}{F_{inf,t}}\right) \quad (7\text{-}22)$$

式中，CN 是一个无量纲参数，反映了前期土壤湿度、坡度、土地利用方式和土壤类型对产流的综合影响。

对于流域实际蒸散发的计算包括了 3 种类型：植被蒸发、树冠蒸腾和裸土蒸发。在 SWAT 模型中，使用 3 种方法计算流域潜在蒸散发能力，分别如下。

(1) Penman-Monteith 方法,计算公式为

$$\lambda E_o = \frac{\Delta(H_{net} - G) + \rho_{air} \cdot c_p \cdot [e_z^o - e_z]/r_a}{\Delta + \gamma \cdot (1 + r_c/r_a)} \tag{7-23}$$

(2) Priestley-Taylor 方法,计算公式为

$$\lambda E_o = \alpha_{pet} \cdot \frac{\Delta}{\Delta + \gamma} \cdot (H_{net} - G) \tag{7-24}$$

(3) Hargreaves 方法,计算公式为

$$\lambda E_o = 0.002\,3 \cdot H_0 \cdot (T_{mx} - T_{mn})^{0.5} \cdot (\overline{T}_{av} + 17.8) \tag{7-25}$$

SWAT 模型在处理壤中径流时,考虑了土壤的水力传导度、土壤含水量和坡度的影响,采用运动储蓄模型计算壤中径流,其计算表达式为

$$Q_{lat} = 0.024 \cdot \left(\frac{2 \cdot SW_{ly,excess} \cdot K_{sat} \cdot slp}{\varphi_d \cdot L_{hill}} \right) \tag{7-26}$$

另外,SWAT 模型将地下水分为浅层地下水和深层地下水,浅层地下水可形成地下径流汇入流域内的河网,而深层地下水参与流域外的水分交换。

7.3.2 可变下渗容量模型

可变下渗容量模型(VIC 模型)是华盛顿大学和普林斯顿大学共同研制开发的一个大尺度水文模型,它是基于网格的半分布式水文模型,描述了陆气间主要的水文气象过程(见图 7-7)。

在进行蒸发计算时,VIC 模型将土壤分为 3 层,计算过程中有时会把第 1 层、第 2 层合在一起成为上层,第 3 层为下层。模型考虑了植被冠层截流蒸发、植被蒸腾和裸地蒸发三种蒸发形式,蒸发都来源于植被截流和土壤含水量。

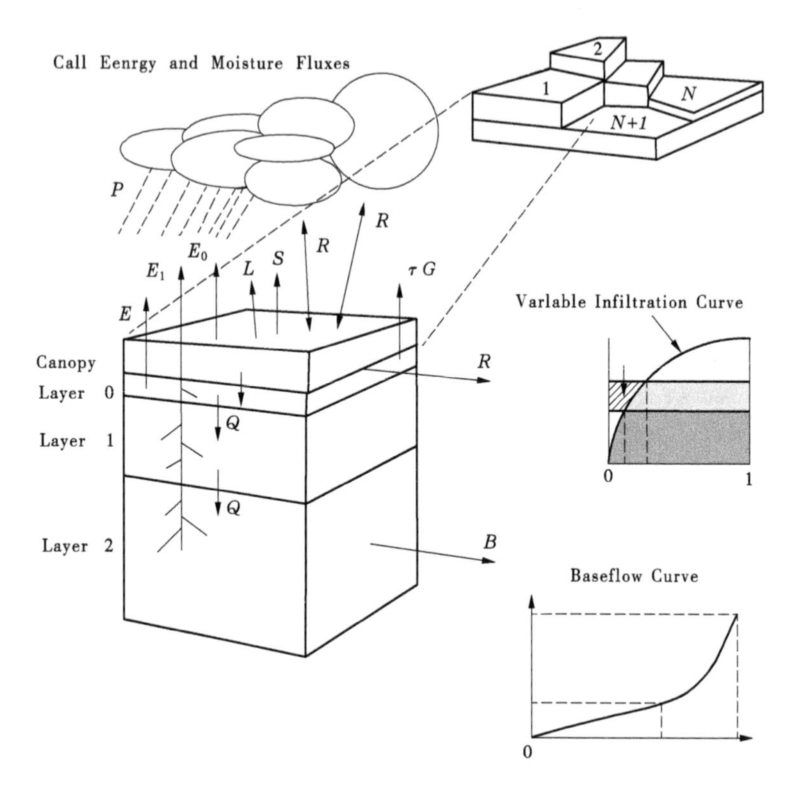

图 7-7　可变下渗容量模型结构图

VIC 模型将上、下层两层的产流分开计算。上层土壤产生直接径流及下渗到下层土壤的渗漏，下渗部分是土壤含水量和饱和水力传导度的函数，VIC 模型引进新安江模型的蓄水容量曲线的概念，考虑土壤含水量分布的不均匀性对直接径流的影响。直接径流的计算公式为

$$Q_d = \begin{cases} P + W_0 - W_0^{max} & (I_0 + P \geqslant I_m) \\ P + W_0 - W_0^{max}\left[1 - \left(1 - \dfrac{I_0 + P}{I_m}\right)^{1+\beta}\right] & (I_0 + P < I_m) \end{cases}$$

(7-27)

$$I_0 = I_m[1 - (1 - A_S)^{1/\beta}] \quad (7\text{-}28)$$

式中 Q_d——直接径流量；

P——降水量；

W_0——初始土壤含水量；

W_0^{max}——上层最大土壤含水量；

β——形状参数；

I_0——初始下渗率；

I_m——最大下渗容量；

A_S——网格内土壤达到饱和的百分数。

VIC模型下层土壤产生基流，采用Arno模型计算基流，即当土壤含水量在某一阈值以下时，基流是线性消退的；而高于此阈值时，基流过程是非线性的。基流的计算表达式为

$$Q_b = \begin{cases} d_1 W_2 & (W_2 \leqslant W_S W_2^{max}) \\ d_1 W_2 + d_S[W_2 - W_S W_2^{max}] & (W_2 > W_S W_2^{max}) \end{cases}$$

(7-29)

式中 d_1——下土层含水量的线性出流系数；

d_S——基流非线性消退系数；

W_S——基流非线性消退时最大土壤含水量所占的百分比系数；

W_2——下土层土壤含水量；

W_2^{max}——下土层土壤最大含水量。

网格内的汇流采用单位线的方法，河道汇流采用线性圣维南方程计算。

7.4 黄河水量平衡模型的研制

黄河中游是人类活动非常频繁的地区，同时对气候变异的响应非常敏感，二者的影响使得该地区的水资源量及其时空分布发生了很大变化。流域水文模型是评价环境变化对水资源影响的有效手段。

对黄河中游水文特性分析结果表明，黄河中游以超渗产流为主，存在地下径流，同时融雪径流占有一定比例。在上述介绍的模型中，要么对融雪径流考虑不足，要么是模型过于复杂。另外，为与气候模型相耦合，不仅要求所建立的水文模型能够动态描述有资料区域的水文过程，而且对无资料地区也要具有一定的适应能力。但如要在无资料地区推广应用模型，则必须具有该区域的模型参数，目前主要采取分析模型参数的区域规律或建立其与气候或地理信息之间的定量关系进行参数移植；模型结构愈复杂则参数越多，参数间的互补性或相关性也就越强，参数的区域移植也就更加困难。因此，如要在无资料地区应用模型，应在保证模拟精度的前提下使用结构尽可能简单、参数尽量较少且独立性较强的模型。为此，有必要研制一个更为简洁且适合黄河中游实际情况的流域水文模型。本节主要介绍黄河水量平衡模型（Yellow River Water Balance Model，简称 YRWBM）的计算原理及过程。

7.4.1 水源概化及模型计算原理

对于任何一个闭合的流域系统来说，其产汇流规律总遵循着

质量守恒原理，其水量平衡表达式为

$$\frac{\partial S}{\partial t}=P-E(S,E_W)-R(S,T,p) \tag{7-30}$$

式中 $\frac{\partial S}{\partial t}$——土壤含水量的时间变率；

P——流域内降水量；

$E(S,E_W)$——流域实际蒸发量，它是土壤含水量 S 和流域蒸发能力或水面蒸发的函数；

$R(S,T,p)$——流域产流量，它是降水、土壤含水量和温度的函数。

在描写超渗产流的模型中，需要具有较为精细的雨强资料，即时间步长要求较短，一般不超过 15 min，而目前黄河流域短历时的降水资料欠缺，多数支流难以满足建立超渗产流模型的资料要求。而与短时段（分、时或日）水文模型相比，大时间尺度模型的产流概念相对模糊，如月模型基本上无从谈起雨强和下渗率的概念，因此严格来说是不能用大时间尺度模型进行超渗产流计算的；而对地下径流的计算来说，也同样不能严格地从其机制解释。因此，对各种径流成分的合理概化成为黄河水文模型建立的关键。根据黄河中游的水文特性，在设计模型时将径流概化为地面径流、地下径流（包括壤中径流）和融雪径流三种水源，并且暂不考虑地面径流的汇流过程，认为地下径流的出流在时间上滞后一个计算时段。

黄河中游产流计算模型结构框图如图 7-8 所示，可以看出，模型要求输入逐时段降水量、气温和水面蒸发资料，可以输出流域的径流过程和其他中间变量。

在模型的实际运行中首先计算三种水源，然后根据水量平衡原理计算时段下渗量、流域的实际蒸散发量和土壤蓄水量。

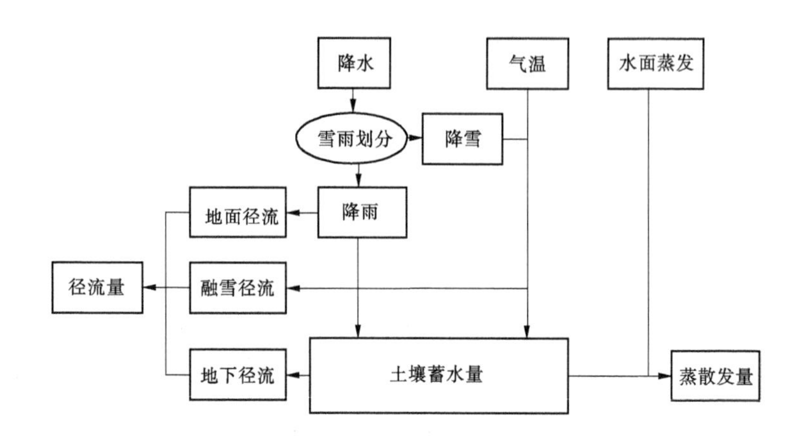

图 7-8　黄河中游产流计算模型结构框图

模型共有 4 个参数，分别为土壤蓄水容量 S_{max}、地面径流系数 K_s、地下径流系数 K_g、融雪径流系数 K_{sn}。

7.4.2　模型计算过程

7.4.2.1　地面径流的计算

根据产流机制，无论超渗产流还是蓄满产流，归纳起来，地面径流量的大小受制于两大因素：①流域地貌及下垫面情况；②水量来源。对于一个流域来说，在一个相对不十分长的时期内，流域的地貌和下垫面情况基本上是不会改变或者变化很小，其对产流的影响不大；影响地面径流的水量因素为降水和土壤含水量，显然，它们之间存在正比关系。根据地面径流形成的影响因素，通过对两种产流机制的集总概化，提出地面径流的计算公式为

$$Q_{si} = K_s \cdot \frac{S_{i-1}}{S_{max}} \cdot P_i \qquad (7\text{-}31)$$

式中　Q_{si} ——地面径流量；

S_{i-1} ——前期土壤蓄水量；

S_{max} ——最大土壤蓄水容量；

P_i ——时段降水量；

K_s ——地面径流系数。

7.4.2.2 融雪径流的计算

根据气温资料进行雪、雨的划分和估算降雪的累积是进行融雪径流计算的前提。研究表明，冰雪融水率与气温具有较好的指数型关系，于是便可构造出计算融雪径流的基本方程为

$$Q_{sni} = K_{sn} \cdot e^{\frac{T_i - T_H}{T_H - T_L}} \cdot Sn_i \tag{7-32}$$

$$Sn_i = Sn_{i-1} + P_{sni} \tag{7-33}$$

式中 Q_{sni}——融雪径流量；

K_{sn} ——融雪径流系数；

Sn_i ——时段内积雪量；

Sn_{i-1} ——前期积雪量；

P_{sni} ——时段降雪量；

T_i ——气温；

T_H 和 T_L ——雪雨划分的两个临界气温，一般取+4 ℃和−4 ℃，当气温高于+4 ℃时，降水全为降水形式，当气温低于−4 ℃时，降水全为降雪形式；气温在两者之间时，降雪量按线性插补。

7.4.2.3 地下径流的计算

假定地下径流为地下线性水库出流，计算公式为

$$Q_{gi} = K_g \cdot S_{i-1} \tag{7-34}$$

式中 Q_{gi} ——地下径流量；

K_g ——地下径流系数。

7.4.2.4 实际蒸散发的计算

研究表明，流域的蒸发能力和流域的水面蒸发大致相当；文献

研究认为对黄河中游地区长时段流域蒸散发的计算，应用一层土壤蒸散发计算模式就可满足计算的精度要求，故采用如下公式计算单元的实际蒸散发量：

$$E_i = E_m \cdot \frac{S_{i-1}}{S_{\max}} \tag{7-35}$$

式中　E_i ——流域实际蒸散发量；

E_m ——流域蒸发能力，以 E_{601} 蒸发皿观测值代替或根据气象资料进行计算。

7.4.2.5　降水下渗和土壤蓄水量计算

对均匀的地面系统来说，其输入为降水，输出为地面径流和下渗，并可假定无地面蓄积；对于土壤系统来说，系统的输入为降水下渗，输出为地下径流和流域的蒸散发，这样就可依据水量平衡原理得到降水下渗量和土壤蓄水量的计算公式，即

$$f_i = P_i - Q_{si} \tag{7-36}$$

$$S_i = S_{i-1} + f_i - Q_{gi} - E_i \tag{7-37}$$

式中　f_i ——时段内降水下渗量；

S_i ——本时段土壤蓄水量。

7.4.2.6　径流合成

地面径流和地下径流的线性叠加即为时段内的计算径流量，其计算公式为

$$Q_{Ci} = Q_{si} + Q_{gi} + Q_{sni} \tag{7-38}$$

7.5　模型的评价比选标准

水文模型的评价标准也是模型参数优选的重要指标。在进行水文模拟过程中，除要求模型结构合理外，模型参数的优化也十分

重要，适当目标函数的选择在一定程度上决定了模型的拟合精度。最小二乘法是较早提出来的模型率定方法，最小二乘法目标函数的表达式为

$$OBJ(LS) = \frac{\sum_{i=1}^{N}(Qobs_i - Qsim_i)^2}{N} \tag{7-39}$$

式中　$Qobs_i$——实测径流量；

$Qsim_i$——模拟径流量；

N——样本数。

然而，以最小二乘法目标函数来率定模型，其结果对小流量模拟效果较好，而对水文过程中的峰值却难以得到好的模拟效果。为此，一些学者又提出了对数最小二乘法，其目标函数表达式为

$$OBJ(LSL) = \frac{\sum_{i=1}^{N}(\lg Qobs_i - \lg Qsim_i)^2}{N} \tag{7-40}$$

对数最小二乘法的提出，在一定程度上克服了最小二乘法峰值模拟欠好的弊病。但是，由式(7-40)可以看出，二者都不是标准化的，在参数率定的时候，只能得到给定条件下的最佳估算值，而并不一定是最"完美"的结果。另外，以上述最小乘法和对数最小二乘法作为目标函数，也很难比较一个模型在不同流域的执行情况。为方便模型在不同流域内执行情况的比较，Nash-Sutcliffe 提出了一个标准化的评价标准，其表达式为

$$EFF = 1 - \frac{\sum_{i=1}^{N}(Qobs_i - Qsim_i)^2}{\sum_{i=1}^{N}(Qobs_i - Qbar_i)^2} \tag{7-41}$$

式中　$Qbar_i$——实测流量的平均值。

显然,若模拟流量与实测流量完美拟合,该效率系数可以得到最大值 1,一般情况下,该系数在 0~1 变化,若为负值,也就意味着还不如以实测流量均值替代所模拟的流量。目前,该标准也成为流域水文模拟中最常使用的目标函数之一。

为保证水文模拟中的水量平衡,模型率定中常用的另外一个标准是平均相对误差,其表达式为

$$\%MAR = \frac{MAR_{sim} - MAR_{obs}}{MAR_{obs}} \times 100 \tag{7-42}$$

显然,Nash-Sutcliffe 评价标准越接近 1,同时相对误差越接近 0,则说明模拟效果越好。

每一个模型都包含了若干个中间状态变量,在参数率定时,中间变量的初始值一般是人为给定的,为消除这种人为因素的影响,一般取资料的前几个月或者 1 年作为预热期。同时,为检验模型的外延能力及对某流域的适应性,必须进行模型的检验。因此,将预热期后面的资料序列划分为 2 个阶段,第 1 阶段作为率定期进行模型参数优选;第 2 阶段作为检验期,检验模型的外延效果。一般要求检验期的水文气象要素的变化在率定期的变化范围之外;只有在率定期和检验期模拟精度都满足要求的情况下,才认为模型合格。

7.6 不同水文模型在三川河流域的比较

7.6.1 不同水文模型的一般性比较

基于对不同地区水文规律的认识和不同的水管理目的,上述模型的结构差异显著,参数多寡不一,但都从定量上重演了径流形

成的全部过程,具体包括流域蒸散发计算、土壤湿度演进和产流计算等。表 7-1 给出了上述各个模型的主要特征。

7.6.2 流域水文模型在三川河流域的应用比较

在流域水文模拟中,集总式流域水文模型只要求输入水文、气象资料;分布式流域水文模型除需要水文、气象资料外,还需要输入流域的 DEM、土地利用分布及土壤类型分布等资料,就一个不太长的时期内,流域的 DEM 和土壤类型分布可以视为不变。尽管三川河流域上游林区采取了封禁措施,但中下游的土地利用变化还是很显著的,因此在流域水文模拟中,应尽可能多地利用各个年代的土地利用分布图。

水文模拟一般要求所使用的资料具有良好的一致性。由于近几十年来大规模人类活动的影响,不仅改变了三川河流域的下垫面状况,而且也在一定程度上破坏了水文资料系列的一致性。鉴于 1970 年之前流域内人类活动强度相对不大,可认为流域在该时期内处于天然状态,因此选用该时期的资料进行模型的应用对比。

以平均相对误差的绝对值 R_e 和 Nash-Sutcliffe 模型效率系数 R^2 做为目标函数进行参数率定;为消除人为给定模型状态变量初始值的影响,将资料系列的第 1 年作为预热期,最后 3 年作为模型的检验期。

表 7-2 给出了各个水文模型对三川河流域后大成站、陈家湾站和圪洞站日、月流量的模拟效果。为直观起见,图 7-9 ~ 图 7-11 给出了三个水文站模拟月流量与相应实测流量的对比结果。

表 7-1　本研究中使用的 8 个水文模型的主要特征

模型	集总式流域水文模型						分布式流域水文模型	
	AWBM	SIMHYD	SARC	SMAR	TANK	YRWBM	SWAT	VIC
模型输入	降水、蒸发	降水、蒸发	降水、蒸发	降水、蒸发	降水、蒸发	降水、蒸发、气温	降水、蒸发、气温、太阳辐射、风速、DEM、植被分布图、土壤分布图	降水、蒸发、气温、太阳辐射、风速、DEM、植被分布图、土壤分布图
模型输出	控制站径流	控制站径流	控制站径流	控制站径流	控制站径流	控制站径流	径流及其空间分布	径流及其空间分布
参数	8	8	17	9	18	4		
储蓄变量	5	3	5	3	4	2		
径流成分	地面径流、地下径流	地面径流、壤中流、地下径流	地面径流、壤中流、地下径流	地面径流、地下径流	地面径流、壤中流、亚地下径流、地下径流	地面径流、地下径流、融雪径流	地面径流、地下径流、融雪径流	地面径流、地下径流、融雪径流

表 7-2　各个水文模型对三川河流域日、月流量的模拟效果

站名	模型	日流量模拟			月流量模拟		
		R_C^2(%)	R_V^2(%)	RE (%)	R_C^2(%)	R_V^2(%)	RE (%)
后大成	AWBM	34.6	30.2		79.0	69.3	
	SARC	49.0	44.7		82.1	76.4	
	TANK	34.2	25.6		73.1	63.8	
	SMAR	29.8	21.3		72.5	61.3	
	SIMHYD	34.6	25.1		90.7	85.3	
	YRWBM	53.6	44.1		87.8	81.2	
	SWAT	45.8	32.7		69.5	74.1	
	VIC	54.3	41.9		77.4	66.7	
	平均						
陈家湾	AWBM	37.8	32.6		61.6	54.6	
	SARC	25.6	21.7		46.2	39.4	
	TANK	30.5	24.9		44.6	38.0	
	SMAR	24.7	16.8		37.3	26.1	
	SIMHYD	27.6	21.5		56.8	43.6	
	YRWBM	47.3	33.9		54.5	40.8	
	平均						
圪洞	AWBM	62.8	60.7		79.9	77.8	
	SARC	63.2	61.5		79.2	76.7	
	TANK	56.9	60.4		79.1	76.5	
	SMAR	39.5	36.8		76.2	71.9	
	SIMHYD	53.9	56.7		86.3	83.4	
	YRWBM	60.6	63.5		85.3	73.4	
	平均						

注:R_C^2 和 R_V^2 分别为率定期与检验期的模型效率系数。

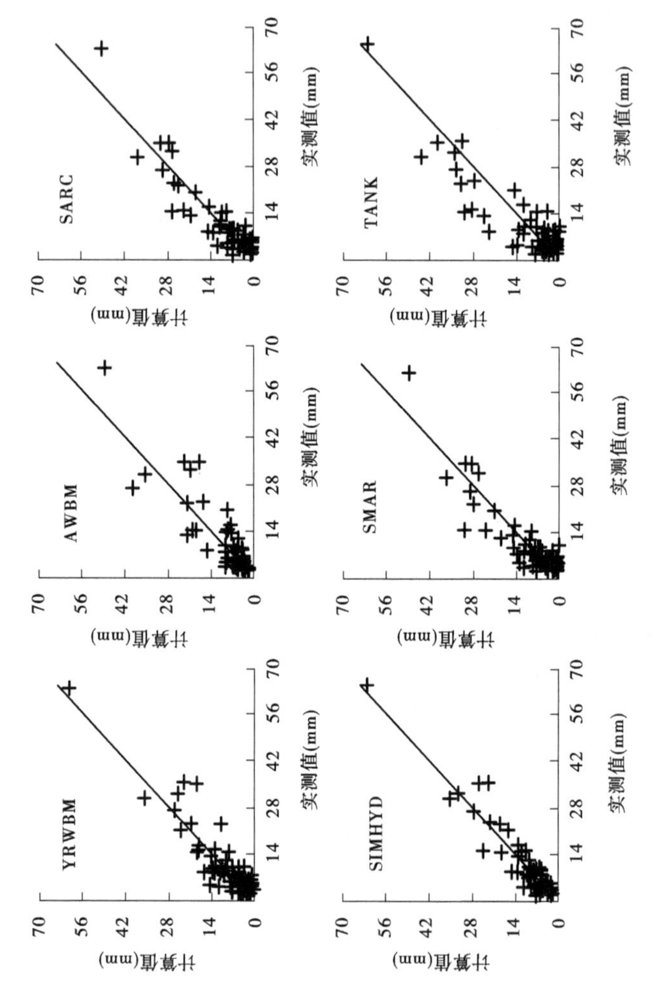

图 7-9　后大成站实测月流量与集总式流域水文模型模拟值的比较

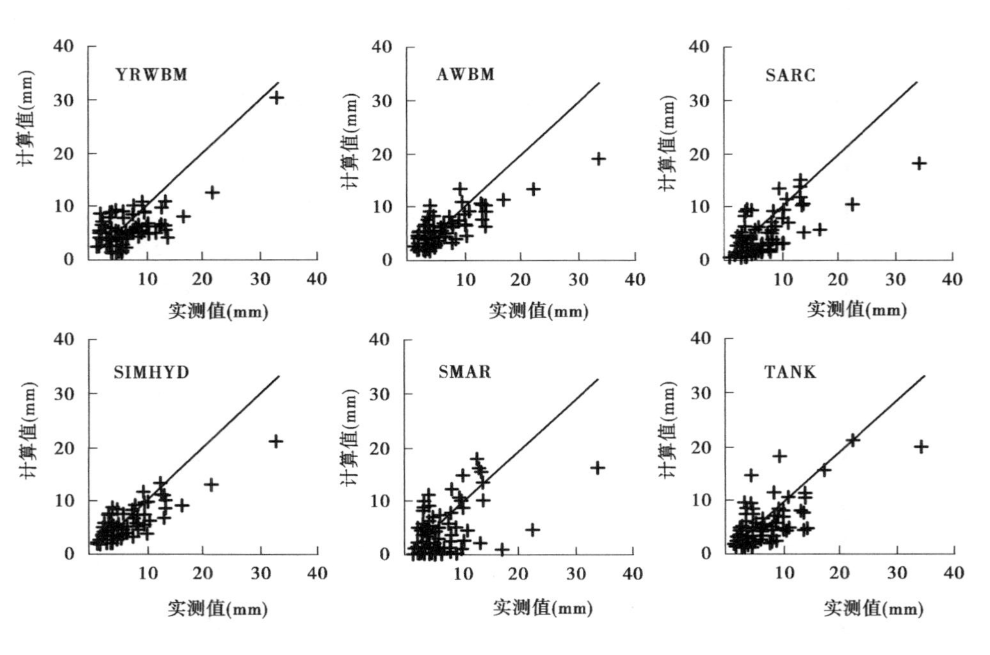

图 7-10　陈家湾站实测月流量与集总式流域水文模型模拟值的比较

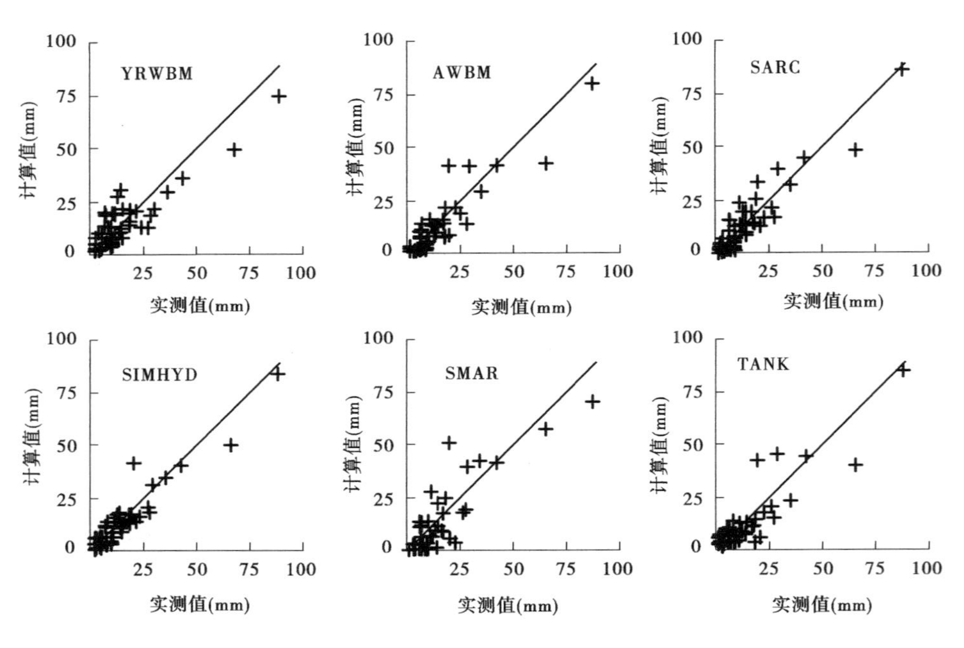

图 7-11 坨洞站实测月流量与集总式流域水文模型模拟值的比较

7.7 水文模型参数的不确定性分析

任何水文模型都是在对流域水文过程概化基础上的数学描述,尽管模型结构和参数都有一定的物理解释,但限于对自然现象的认知水平,目前尚没有能够完全脱离水文资料率定的水文物理模型。

在采用自动优化方法率定模型参数时,尽管首先将各个模型参数限定在一个相对合理的变化范围内,但不同的优化方法或不同的优化次序对最终率定的参数值有很大影响。以澳大利亚水量平衡模型在三川河流域的应用为例,表 7-3 给出了 2 组优化参数。

表 7-3 三川河流域月流量模拟的参数优选结果

项目		模型参数						模拟效果	
		BFI	*C1* (mm)	*C2* (mm)	*C3* (mm)	*K*	*Ks*	R^2 (%)	*RE* (%)
上限值		0	0	50	200	0	0		
下限值		1	50	200	500	1	1		
优化值	1	0.635	0	50	204.2	0.992	0.373	72.4	−2.5
	2	0.306	0	50	458.8	0.361	0.984	70.1	−1.3

可以看出:尽管两次模拟的效果接近,如 Nash 模型效率系数都在 70%左右,相对误差也非常小,但参数差异悬殊;表明参数之间具有较强的互补性,如在第 1 组参数中基流指数 *BFI* 显著减小引起 R^2的变化基本可以由其他参数的变化所补充。

水文模型是对水文规律的数学概化,尽管在模型研制时,都赋予模型参数一定的物理意义,并且参数的边界条件将参数都限制在相对合理的范围内,但参数自动优化的结果是追寻目标函数极大化,这在一定程度上不仅增强了参数之间的互补性,而且也弱化了模型参数的物理解释。因此,在进一步加强模型物理基础研究的同时,采用人机交互对话的方式,根据径流在不同时期的组成,分时期或阶段率定模型参数是弱化参数不确定性的重要途径。

第8章　SWAT模型在三川河流域的应用

8.1　模型的结构及运算过程

SWAT模型建立于20世纪90年代初期,经过不断完善和发展,该模型目前已经嵌入到ESRI的Arcview软件上,功能也日益强大,其具有操作性强和可视化程度高等特点,已经在许多流域得到了广泛应用,并取得较好的模拟效果。

SWAT模型首先将整个流域依据出水口的位置划分成若干个子流域,然后在子流域的基础上依据土地覆被类型和土壤类型再划分成多个水文响应单元,计算每个子流域的基本参数,包括高程、面积、面积百分比、坡度、流域形状系数等,为以后每个单元循环运算提供必要的流域参数。

在时间尺度上,SWAT模型的模拟时间可以为年、月、日,SWAT模型首先定义一个天气发生器,天气发生器要求输入流域的多年逐月气象资料,当流域内某些数据难于获得,该“天气发生器”可以根据事先提供的多年月平均资料来模拟逐日气象资料,因此该数据库要求的参数比较多,约160个,包括月平均最高气温、月平均最低气温、最高气温标准偏差、最低气温标准偏差、月均降水量、月均降水量标准差、降水的偏度系数、月内干日日数、月内湿日日数、平均降水天数、露点温度、月均太阳辐射量、月均风速及最大半小时降水量。

建立了天气发生器后,就可以进行逐个水文响应单元的径流量计算,模型运行流程如 8-1 所示。

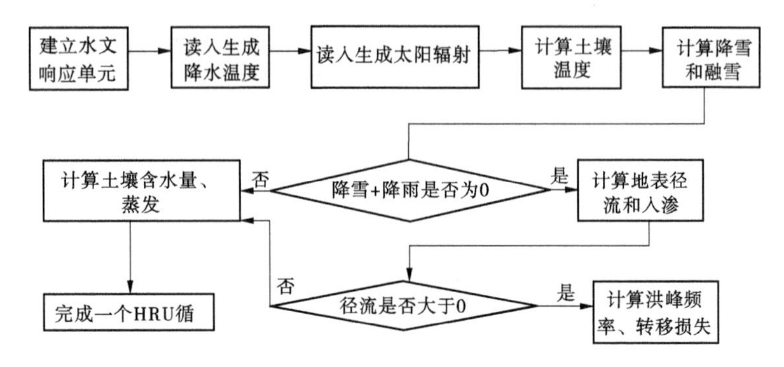

图 8-1　水文响应单元水文模拟过程

8.2　模型的输入输出

输入的水量计算实测数据主要包括以日为单位的气象要素(包括降水、气温、太阳辐射、风速、相对湿度等)和地表下垫面要素(包括土地覆被数据和土壤数据),其基本输入结构如图 8-2 所示。

模型中采用的水量平衡表达式为

$$SW_t = SW_0 + \sum_{i=1}^{t} (R_{day} - Q_{surf} - E_i - W_{seep} - Q_{gw}) \tag{8-1}$$

式中　SW_t——最终的土壤含水量,mm;

SW_0——土壤初始含水量,mm;

t——时间步长;

R_{day}——第 i 天的降水量,mm;

Q_{surf}——第 i 天的地表径流,mm;

E_i——第 i 天的蒸发量,mm;

W_{seep}——第 i 天存在于土壤剖面底层的渗透量和侧流量,mm;

Q_{gw}——第 i 天的地下水含量,mm。

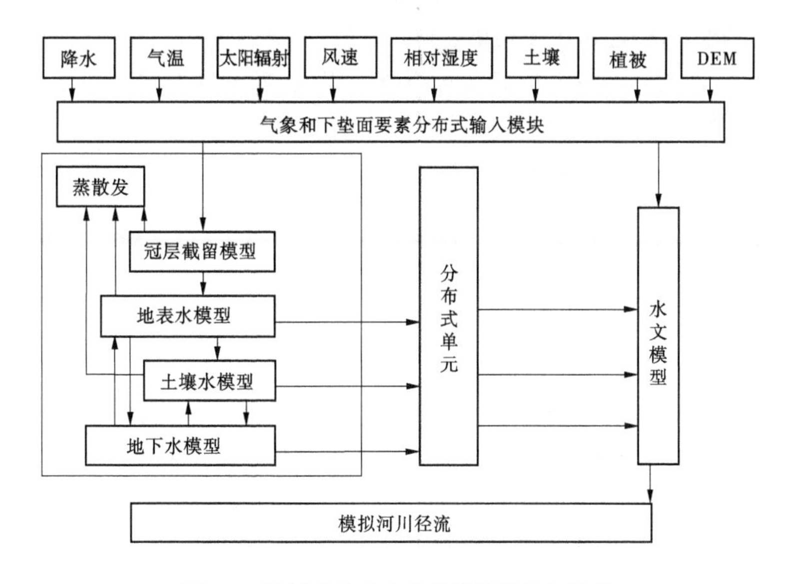

图 8-2　流域分布式水文模型数据输入结构

8.2.1　地表径流

本书采用 SCS(Curve Number,简称 CN)模型对流域地表径流进行模拟验证,该模型是美国农业部水土保持局(Soil Conservation Service,简称 SCS)在 20 世纪 50 年代研制的水文模型,已经在世界各地得到广泛应用。该模型从研究径流产生的整个自然地理背景入手揭示产流的数量关系,即从径流赖以形成和发展的基础——水文过程下垫面来研究暴雨径流的数量关系。该模型的主要特点如下:

(1)在降水径流关系上,SCS 模型考虑流域下垫面的特点,如土壤、坡度、土地利用及时空变化对降水径流关系的影响。这些特点是其他许多水文模型难以相比的,由于模型涉及大量的水文下垫面参数,因此 SCS 模型为水文参数和遥感信息之间建立了直接的联系。

(2)可以应用于无资料流域。

(3)充分考虑人类活动对径流的影响,即能针对未来土地覆被类型的变化,模拟降水径流关系的变化。

(4)模型结构简单,应用方便。

SCS 模型的降水—径流基本关系表达式如下:

$$\frac{F}{S}=\frac{Q}{P-I_a} \tag{8-2}$$

式中 P——一次性降水总量,mm;

Q——径流量,mm;

I_a——初损,mm,即产生地表径流之前的降水损失;

F——后损,mm,即产生地表径流之后的降水损失;

S——流域当时可能最大滞留量,mm,是后损 F 的上限。

流域当时最大可能滞留量 S 在空间上与土地利用方式、土壤类型和坡度等下垫面因素密切相关,模型引入的 CN 值可较好地确定 S,计算公式如下:

$$S=\frac{25\ 400}{CN}-254 \tag{8-3}$$

CN 是一个无量纲参数,是反映降水前期流域特征的一个综合参数,将前期土壤湿度(Antecedent Moisture Condition,简称 AMC)、坡度、土地利用方式和土壤类型状况等因素综合起来考虑。

为了表达流域空间的差异性,SWAT 模型引入了 SCS 模型 CN 值的土壤水分校正和坡度校正。为反映流域土壤水分对 CN 的影响,SCS 模型根据前期降水量的大小将前期水分条件划分为干旱、正常和湿润三个等级,不同的前期土壤水分取不同的 CN 值。干旱、正常和湿润的 CN 值由下列公式计算:

$$CN_1=CN_2-\frac{20\times(100-CN_2)}{100-CN_2+\exp[2.533-0.063\ 6\times(100-CN_2)]} \tag{8-4}$$

$$CN_3 = CN_2 \cdot \exp 0.063 \times (100 - CN_2) \tag{8-5}$$

其中,CN_1、CN_2、CN_3为干旱、正常和湿润等级的 CN 值。

SCS 模型提供了坡度大约为 5%的 CN 值,可用式(8-6)对 CN 进行坡度校正:

$$CN_{2s} = \frac{(CN_3 - CN_2)}{3} - [1 - 2 \cdot \exp(-13.86 \cdot SLP)] + CN_2 \tag{8-6}$$

式中 CN_{2s}——经过坡度校正后的正常土壤水分条件下的 CN_2 值;

SLP——子流域平均坡度,m/m;

SCS 模型有特定的土壤分类系统,需对土壤分类进行对应归并,得到符合 SCS 模型的土壤分类结果。因土壤属性较稳定,将土壤分类结果作为不变值,用于模型计算中。CN 值同样受降水前的流域内土壤湿润程度的影响。SCS 模型将土壤湿润程度根据前 5 天的总雨量划分为 3 类,分别代表干、平均、湿 3 种状态(AMCI,AMCII,AMCIII),不同湿润状况的 CN 值有相互的转换关系。最终根据 SCS 模型提供的 CN 值查表计算,充分考虑当地的自然条件,确定出当地的 CN 值。

8.2.2 壤中径流

壤中径流用动态存储模型预测计算,该模型考虑到水力传导度、坡度和土壤含水量的时空变化。计算下渗考虑两个主要参数:初始下渗率(依赖于土壤湿度、供水条件)和最终下渗率(等于土壤饱和水力传导度)。

8.2.3 蒸散发量

蒸散发包括水面蒸发、裸地蒸发和植被蒸腾。分开模拟土壤水蒸发和植物蒸腾。潜在土壤蒸发由潜在蒸散发和叶面指数估算。实际土壤水蒸发用土壤厚度和含水量的指数关系式计算。植物蒸腾由潜在蒸散发和叶面指数的线性关系式计算。潜在蒸散发有以下三种计算法：Hargreaves（Hargreaves and Samani，1985），Prestley－Taylor（Prestley and Taylor，1972），Penman－Monteith（Monteith，1965）。

8.2.4 模型输入数据

综合上述分布式水文模型计算方法，本书归纳总结 SWAT 模型水量运算需要输入的数据资料，如表 8-1 所示。

表 8-1 模拟流量输入数据资料汇总

输入数据资料	单位	模拟计算项	说明
日降水量	mm	地表径流	
流域坡度	m/m	地表径流、壤中径流	校正 *CN* 值
平均坡长	m	地表径流、壤中径流	校正 *CN* 值
流域主河道长度	m	汇流时间	校正 *CN* 值
最大冠层截留量	mm	蒸发量	计算树冠层截留量
日平均气温	℃	蒸发量	彭曼公式计算潜在蒸发量
日平均风速	m/s	蒸发量	彭曼公式计算潜在蒸发量
日平均太阳辐射	$MJ/(m^2 \cdot d)$	蒸发量	彭曼公式计算潜在蒸发量
日相对湿度	%	蒸发量	彭曼公式计算潜在蒸发量
土壤蒸发消耗系数		蒸发量	计算实际蒸发量
月平均最高气温	℃	天气生成器	多年月平均值
月平均最低气温	℃	天气生成器	多年月平均值
最高气温标准偏差		天气生成器	多年月平均值
最低气温标准偏差		天气生成器	多年月平均值

续表 8-1

输入数据资料	单位	模拟计算项	说明
月平均降水量	mm	天气生成器	多年月平均值
降水量标准偏差		天气生成器	多年月平均值
降水量偏度系数		天气生成器	多年月平均值
连续降水日数	d	天气生成器	多年月平均值
连续干日日数	d	天气生成器	多年月平均值
连续湿日日数	d	天气生成器	多年月平均值
月均太阳辐射量	$MJ/(m^2 \cdot d)$	天气生成器	多年月平均值
露点温度	℃	天气生成器	多年月平均值
最大半小时降水量	mm	天气生成器	多年月平均值
月均风速	m/s	天气生成器	多年月平均值
栅格土地覆被图		地表径流	计算 *CN* 值
栅格土壤类型图		地表径流	计算 *CN* 值
数字高程模型 DEM		划分不同子流域	根据不同阈值划分不同子流域

8.3 流域模拟

8.3.1 建立数据库

为了进行模拟,需要输入土地利用、土壤、天气及模拟日期等数据。在运行 AVSWAT 之前,需要准备必要的地图和数据库文件,以生成 SWAT 模型输入数据集。其中,高程、土壤和土地利用等 GIS 地图在 AVSWAT 界面中集总,并转换为模型可以使用的数据格式。而降水、温度等数据则通过多个输入文件以 ASCII 或者

dbf 格式输入。模型根据土地利用和土壤类型查找表,将土地利用图、土壤类型图与土地利用和土壤数据库进行链接。

8.3.1.1 空间数据库

AVSWAT 所需要的专题地图可以在任一投影下生成(对于所有专题地图,其他地图投影必须相同),并对地图投影的类型及其投影参数设置识别。本书选择了 ALBERS 等积圆锥投影,这主要是因为 ALBERS 投影后的面积与地球表面的真实面积相等,投影后不会扭曲多边形的面积,而这一特征对水文过程模拟来讲尤为重要,因为流域的许多特征需要用单位面积来表示。投影参数见表 8-2。

表 8-2 投影参数

Projection	Albers Equal-Area Conic
Spheroid	Krasovsky
Central Meridian	105
Reference Latitude	0
Standard Parallel 1	25
Standard Parallel 2	47
False Easting	0
False Northing	0

1.Arcinfo-Arcview GRID 文件——数字高程模型(DEM)

数字高程模型(DEM)是地表单元上的高程集合,高程是地理空间的第三维坐标。数字高程模型是 SWAT 模型进行流域划分、水系生成和水文过程模拟的基础。本书中所应用的 DEM 图的精度为 30′。应用 DEM 数据可以计算每个亚流域的坡度、坡长参数,还可以定义流域河网。而流域河网则用来确定亚流域的分布和数量。流域河网的河道坡度、坡长和宽度等特征都是从 DEM 数据中提取的。三川河流域 DEM 图、水系图、亚流域分布图、气象站及雨量站分布图见图 8-3~图 8-6。

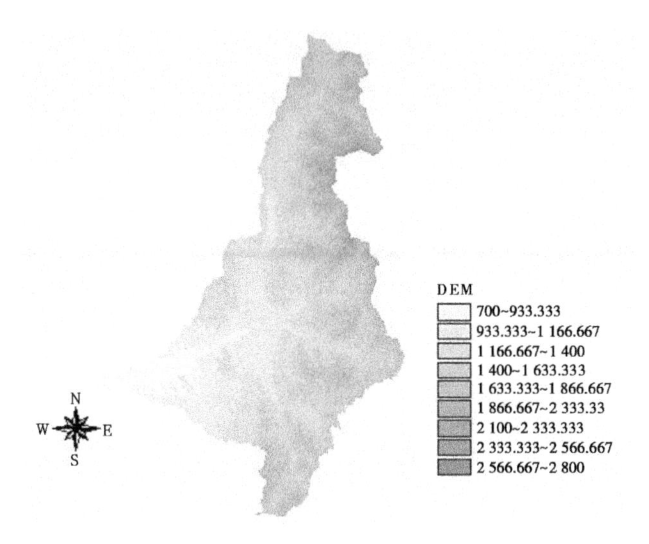

图 8-3　三川河流域 DEM 图

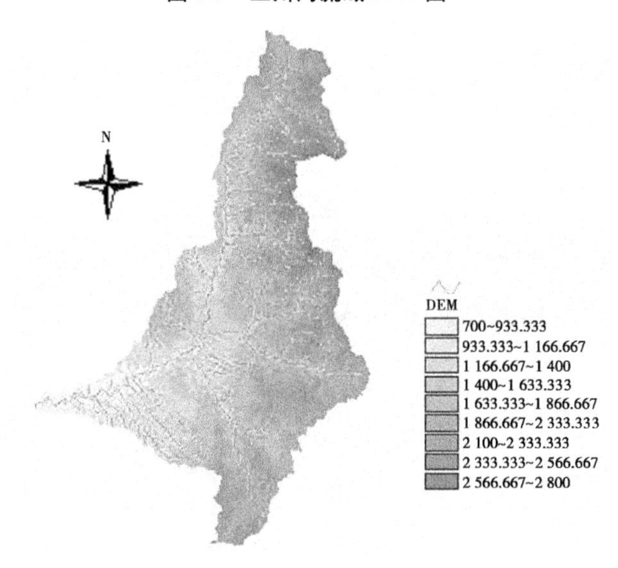

图 8-4　三川河流域水系图

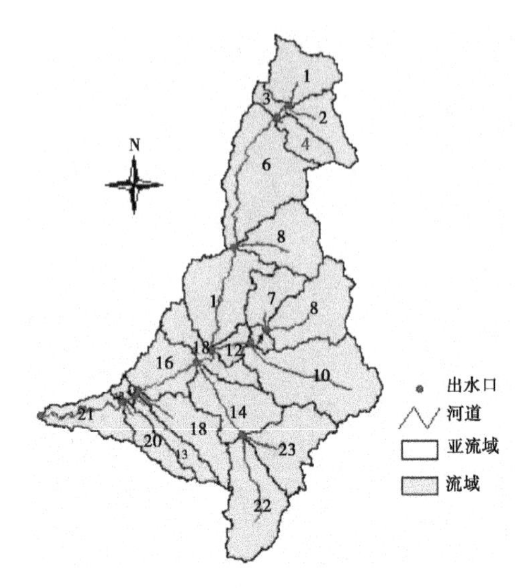

图 8-5　三川河流域亚流域分布图

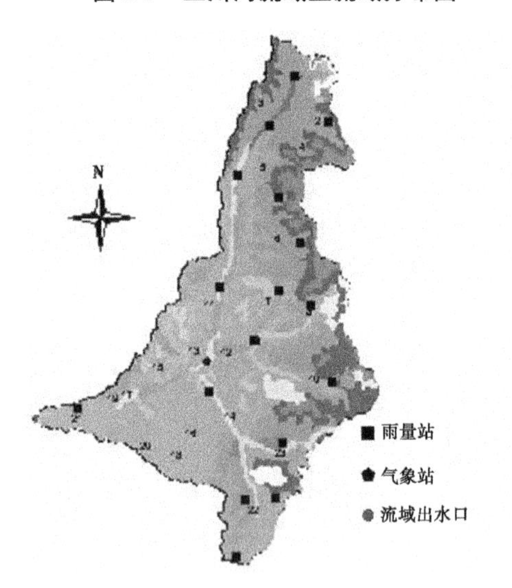

图 8-6　三川河流域气象站及雨量站分布图

2.Arcinfo-Arcview GRID 文件或 Shape 文件——土地利用

土地利用图对于应用 SWAT 模型模拟流域水量平衡尤为重要。因为流域内各种不同土地利用类型的数量和分布是不同的，对径流的贡献也有所差异。流域内的地形和土壤不会被人类轻易和快速地改变，而土地利用却会随着人类的活动改变。本书中的土地利用图的精度为 1∶10 万。三川河流域土地利用类型分布图见图 8-7。

图 8-7　三川河流域土地利用类型分布图

三川河流域 2000 年土地利用类型分布见表 8-3。

表 8-3　三川河流域 2000 年土地利用类型分布

土地利用类型	面积百分比(%)	
旱地	山地	22.43
	丘陵	0.07
	平原	5.17
	大于 25°的坡地	0.03
林地	有林地	11.34
	灌木林	27.27
	疏林地	7.24
	其他林地	0.16
草地	高覆盖度草地	1.33
	中覆盖度草地	5.65
	低覆盖度草地	18.46
水域	河渠	0.03
	湖泊	0.02
	滩地	0.03
城乡、工矿、居民用地	城镇用地	0.27
	农村居民点	0.07
	其他建设用地	0.01
无效点		0.42

3.Arcinfo-Arcview GRID 文件或 Shape 文件——土壤类型

土壤类型图定义的分类需要使用查询表同在 AVSWAT 中建立的用户土壤数据库连接起来，用户土壤数据库为存储自定义的土壤类型数据而设计。本书所利用的土壤类型图的比例为1∶100

万。三川河流域土壤类型分布图见图 8-8、表 8-4。

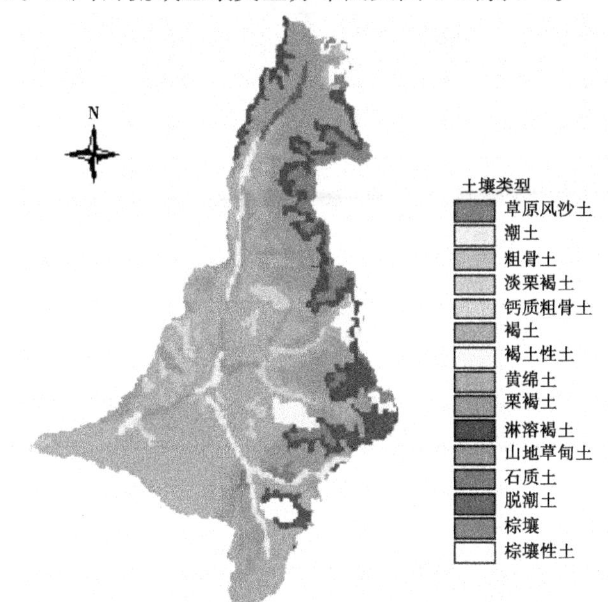

图 8-8　三川河流域土壤类型分布图

表 8-4　三川河流域土壤类型分布

土壤类型	面积百分比(%)
棕壤	4.93
棕壤性土	1.64
褐土	5.94
淋溶褐土	11.42
褐土性土	2.00
栗褐土	25.46
淡栗褐土	2.55

续表 8-4

土壤类型	面积百分比(%)
黄绵土	38.66
草原风沙土	0.18
石质土	0.36
粗骨土	2.18
钙质粗骨土	0.72
山地草甸土	0.07
潮土	3.28
脱潮土	0.61

8.3.1.2 非空间数据库

SWAT 模型使用五个数据库来存储有关植被生长、城市土地利用、耕作、肥料组分和农药信息。AVSWAT 提供了基于对话框的编辑器来获取和编辑这五个数据库以及两个存储自定义土壤类型和气象站参数的附加数据库。同时，还可以直接修改其数据库表格文件来实现对各参数的修改。按照三川河流域土地利用图和土壤类型图，对相应的土地利用数据库和土壤数据库进行了类型定义和修改。

为了进行模拟，还需要包括亚流域出口、流域入口、气象测站、温度测站、降水测站，以及其他可选的太阳辐射、风速、湿度测站的位置以及相关的属性数据表。

8.3.2 模型的校准与验证

当模型的结构和输入参数初步确定后，就需要对模型进行校准(calibration)和验证(validation)。通常将使用的资料系列分为两部分，其中一部分用于校准模型，而另一部分则用于验证模型。校准是调整模型参数、初始和边界条件以及限制条件的过程，以使模型接近于测量值。选用线性回归系数 R^2 和 Nash-Suttclife 系数 E_{ns} 来评估模型在校准和验证过程中的模拟效果。

使用 Nash-Suttclife 系数 E_{ns} 来衡量模型模拟值与观测值之间的拟合度，其计算式为

$$E_{ns} = 1 - \frac{\sum_{i=1}^{n} (Q_m - Q_p)^2}{\sum_{i=1}^{n} (Q_m - Q_{avg})^2} \tag{8-7}$$

式中 Q_m——观测值；

Q_p——模拟值；

Q_{avg}——观测平均值；

n——观测的次数。

当 $Q_m = Q_p$ 时，$E_{ns} = 1$，模拟效果最好；当 E_{ns} 为负值时，说明模型模拟值比直接使用测量值的算术平均值更不具代表性。

模型参数率定和模型校准的过程为：首先采用 1991～1995 年 5 年的实测数据对年均径流量进行校准，目的是调整三川河流域的水量平衡，然后对逐月平均径流量进行校准。校准后得到模型的参数值再应用于水量过程的模拟。

SWAT 模型的最大特点就是参数多，而在三川河流域内实测的资料相对较少，这给模型的率定增加了一定的难度。运用 SWAT 模型模拟年径流量过程中，模型中的河道参数，如流域坡度、坡长等参数，可以由 DEM 直接计算得到，其他反映下垫面条件、影响径流量的关键参数 CN、冠层最大截留量 C_{max} 等，可由处理过的土地覆被类型栅格和土壤类型栅格数据计算得到。其他参数如土壤蒸发消耗系数 *esco*、基流衰退系数 α、回流发生时要求的浅层地下水阈值深度 GWOMN、饱和导水率等需要根据实测的径流

资料进行率定调整。针对三川河流域,筛选出最为敏感的6个调节性参数进行敏感度分析和检验,得到适合三川河流域的模型参数值。模型中其他对径流量模拟影响不大的参数采用默认值。SWAT模型部分调节参数对照表见表8-5。

表8-5 SWAT模型部分调节参数对照表

序号	输入文件	校准参数	参数含义	参数值
1	Management	CN2	AMCⅡ条件下的初始SCS径流曲线系数	+/-8
2	Ground Water	GW_REVAP	浅层地下水再蒸发系数	0.1
3	HRU General	ESCO	土壤蒸发补偿系数	0.2
4	HRU General	SLOPE	平均边坡陡度	+12%
5	Soil	SOL_AWC	土壤可利用水量	+0.034%
6	HRU General	EPCO	植物吸收补偿系数	0.1

采用模型参数率定过程中所得到的参数,应用1996~1997年的实测流量数据进行模型验证,并采用R^2及E_{ns}对模型的验证结果进行评价。流域出口模拟径流量与实测流量月径流R^2为0.695 6,E_{ns}为0.62。年水量的模拟结果较好,但月水量的模拟结果不太理想。可能是因为应用SWAT模型时,因资料收集得不够,整个流域内只有一个天气测站,从一个天气测站得到的天气数据并不能代表整个流域,而用一个测站来代表整个流域或者试图使用空间加权来代表整个流域,就会引起大量的误差。

实测年径流深与模拟年径流深对比图见图8-9。观测值与模拟值相关系数见图8-10。实测1996~1997年月径流深与模拟值对比图见图8-11。

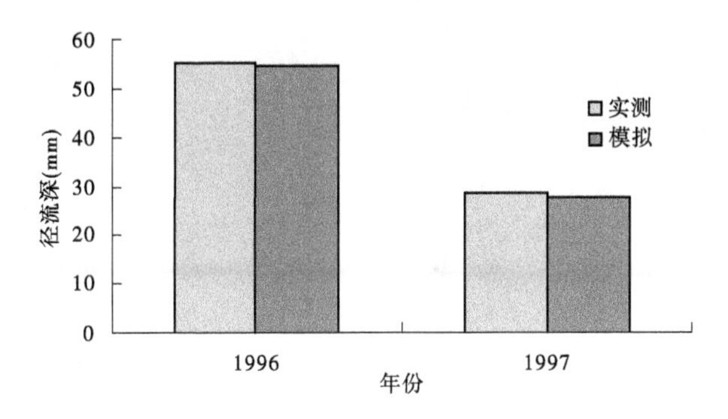

图 8-9　实测年径流深与模拟年径流深对比图

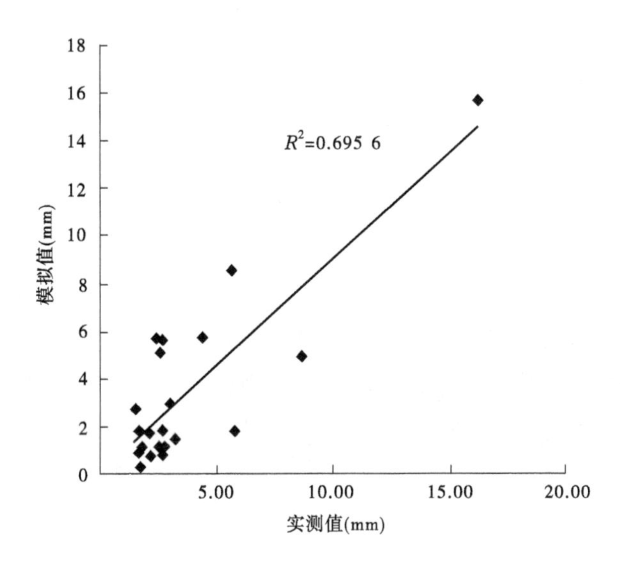

图 8-10　观测值与模拟值相关系数

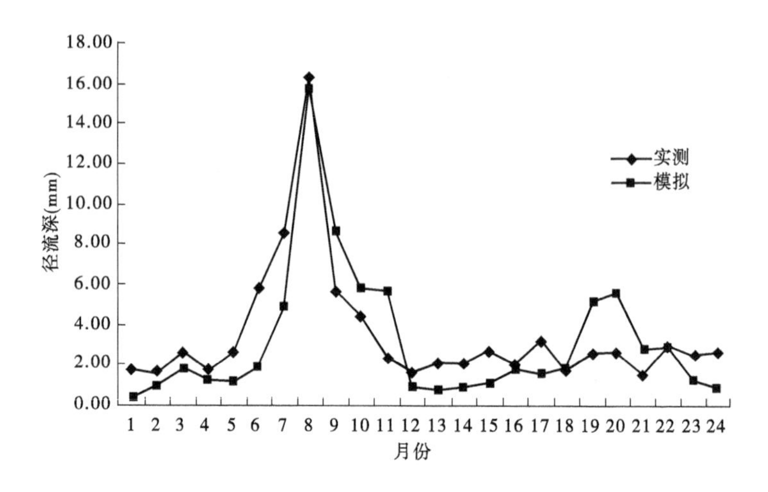

图 8-11 实测 1996~1997 年月径流深与模拟值对比图

8.4 人类活动对产汇流影响的模拟成果分析

土地利用覆被的变化是人类活动在流域内的主要表现,为了分析人类活动对流域水量平衡的影响,建立了几个流域土地覆被情景,通过模型模拟,分析在不同的土地覆被情景下流域径流深的变化情况。三川河流域 2000 年土地利用情况见表 8-6。

表 8-6 三川河流域 2000 年土地利用情况

土地利用类型	农业用地	草地	林地	水域	城镇	农村	其他建设用地
面积百分比(%)	27.71	25.44	46.01	0.08	0.27	0.07	0.01

由表 8-6 可以看出,三川河流域主要的土地利用类型为农业用地、草地、林地这 3 种,占了 99% 以上,在进行情景设定时,考虑

到经济发展和下垫面情况设立如下 4 种情景：

（1）为了模拟草地减少和农业用地的增加对产流量的影响，设立情景 1 ，草地面积减少 6.99%，农业用地增加 6.99%，森林和其他用地基本保持不变，减少的草地全部转化为农业用地。

（2）在未来的发展中，城镇化的趋势不可避免，农业人口减少，畜牧业减少，退草还林，草地减少，森林面积增加，为了模拟草地面积减少和森林增加对产流量的影响，考虑到下垫面的性质及草地的分布情况，设立情景 2。具体为草地面积减少 18.54%，森林面积增加 18.54%，减少的草地全部转化为森林，农业用地和其他用地基本保持不变。

（3）随着国家退耕还林还草政策的提出，再考虑到还林的历时较长，为了模拟农业用地面积减少与草地面积增加对产流的影响，结合三川河流域的实际情况，设立情景 3 ，农业用地减少 5. 28%，草场面积增加 5.28%，森林和其他用地保持不变，减少的农业用地全部转化为草地。

（4）从实际情况出发，根据目前当地的政策发展（全面禁伐、天然林保护工程等的实施），假设一个未来几年内达到的最佳的土地覆被状况时的情景 4。具体为流域范围内除居民点、水域外，适合森林生长的土地，都是森林植被，适合草地生长的土地，都是草地植被，而且植被情况都是高覆盖率草地，适宜作农耕地的土地都是耕地。

情景 1~4 土地利用情况见表 8-7~表 8-10。

表 8-7 情景 1 土地利用情况

土地利用类型	农业用地	草地	林地	水域	城镇	农村	其他建设用地
面积百分比（%）	34.70	18.45	46.01	0.08	0.27	0.07	0.01

表 8-8　情景 2 土地利用情况

土地利用类型	农业用地	草地	林地	水域	城镇	农村	其他建设用地
面积百分比(%)	27.71	6.90	64.55	0.08	0.27	0.07	0.01

表 8-9　情景 3 土地利用情况

土地利用类型	农业用地	草地	林地	水域	城镇	农村	其他建设用地
面积百分比(%)	22.43	30.72	46.01	0.08	0.27	0.07	0.01

表 8-10　情景 4 土地利用情况

土地利用类型	农业用地	草地	林地	水域	城镇	农村	其他建设用地
面积百分比(%)	27.67	25.47	46.01	0.08	0.27	0.07	0.01

情景 1~4 土地利用图见图 8-12~图 8-15。

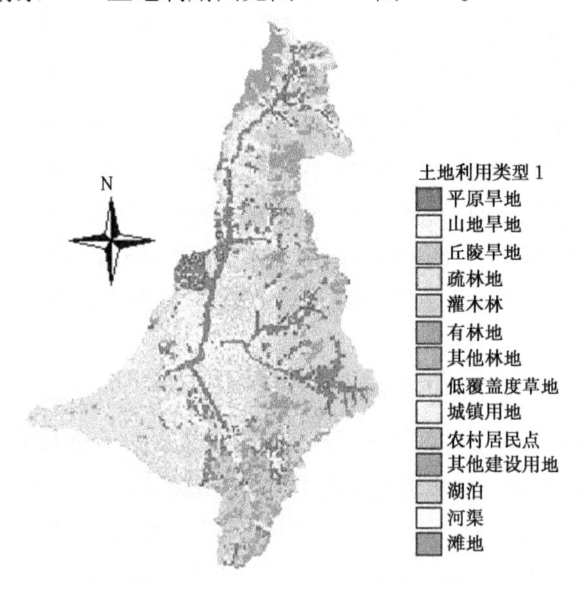

图 8-12　情景 1 的土地利用图

图 8-13　情景 2 的土地利用图

图 8-14　情景 3 的土地利用图

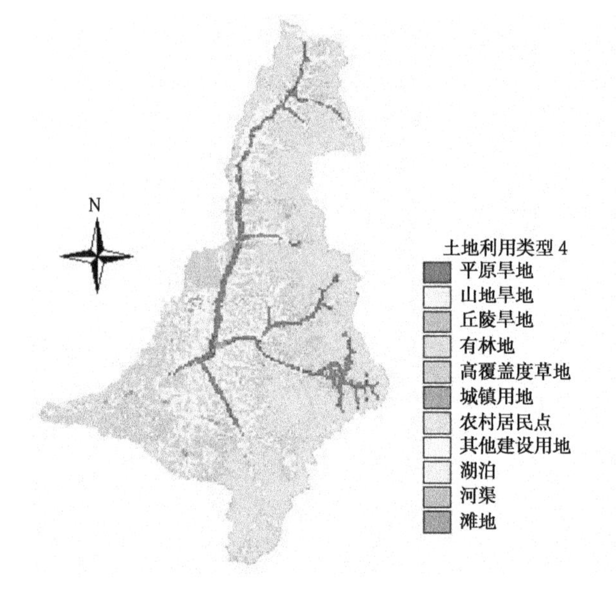

图 8-15　情景 4 的土地利用图

人类活动的变化对产流量的影响可用平均差、标准差、相对误差等指标来表示。平均差、标准差都是用绝对数来说明模拟特征值的变动范围和离差程度的，大小受样本系列水平的影响，而选用相对误差系数指标，无计量单位，克服了以上指标的缺点，所以选择相对误差系数来说明人类活动的变化对产流量的影响。

对于给定的流域，不同情景进行模拟将得到不同的产流量。不同的亚流域，由于每个亚流域的参数值不同，其模拟的结果也不同。为了便于分析，在随后的分析过程中，所有的模拟值均为出口断面的模拟值，相对误差（RE）定义如下：

$$RE = (V_i - V_0) / V_0 \times 100\% \tag{8-8}$$

式中　V_i——不同情景下的模拟值；

V_0——以 2000 年的土地利用为输入的模拟值。

为了模拟不同土地利用情景下的产流量，利用在地理信息系统支持下的SWAT模型将三川河流域分为23个亚流域，分别计算了各亚流域2000年土地利用类型及不同情景下的产流量。本书以出口断面的径流量来分析土地利用变化对产流量的影响，表8-11为不同土地利用情景下三川河流域的产流量变化，表中的值均为1991~1999年9年平均值。

表8-11　不同情景下的产流量的比较

模拟项比较值	情景1	情景2	情景3	情景4	实测值
产流量模拟值(mm)	40.14	39.65	39.36	39.11	39.59
相对误差(%)	1.39	0.15	-0.58	-1.21	0

结果表明，在不同的土地利用情景下，三川河流域的产流量呈现如下特征：

(1)情景1:草地面积减少6.99%，农业用地面积增加6.99%，产流量增加1.39%，农业用地的增加能增加产水量，草地具有减水的效应。

(2)情景2:草地面积减少18.54%，森林面积增加18.54%，其他的土地利用类型面积基本保持不变，产流量增加0.15%，相对草地来说，森林具有增水的效应。

(3)情景3:农业用地面积减少5.28%，草地面积增加5.28%，其他的土地利用类型基本保持不变，产水量减少0.58%，草地相对农业用地具有减水的效应。

(4)情景4:在最佳土地覆被情景下，在20世纪90年代的降水条件下产水量将减少1.21%。

从模拟的结果来看，4种情景中，森林相对于草地具有增水的效应，如情景2，森林面积增加18.54%，产流量增加0.15%；而农业用地相对于草地又具有增水效应，如情景1，草地减少6.99%，产流量增加1.39%。因此，从另外一个方面也说明了森林植被的存在增加年径流量。苏联学者斯莫列斯克、季洛夫等选定伏尔加河左岸的3个流域进行研究表明，在相同的气候条件下，有林流域较无林流域径流量增加114 mm，即森林覆盖率每增加1%，年平均径流量增加1.1 mm。金栋梁通过对长江流域大面积森林流域的分析，认为森林覆盖率高的流域比森林覆盖率低的流域、有林地比无林地流域河川年径流量均有所增加。中国林学会森林涵养水源考察组，在华北选择了地质、地貌、气候等条件大致相似的三组流域进行对比研究表明，森林每增加1%，流域径流深相应增加0.4~1.1 mm。周晓峰等对我国东北地区黑龙江和松花江水系的20个流域10年测定的多元回归分析结果表明，森林覆盖度每增加1%，年径流量增加1.46 mm。

如上的分析表明，随着土地植被覆盖度的增高，流域径流量减小，且森林相对于草地和农业用地都具有增水的效应，产流量的排序为森林大于农业用地，农业用地大于草地。

第 9 章　三川河流域二元水循环模拟

9.1　流域水循环二元演化模型的基本构架

本项目主要基于 WEP－L(modeling Water and Energy transfer Processes in Large river basins)分布式流域水循环模拟模型与集总式流域水资源调控模型耦合的流域水循环二元演化模型,模拟三川河流域的水循环和水资源演化过程。流域水循环二元演化模型的基本构架示意图见图 9-1。

蓄水、取水、输水、用水和排水等人工侧枝水循环过程,与降水、地表与冠层截流、蒸发蒸腾、入渗、地表径流、壤中径流和地下径流等天然水循环要素过程密切关联、相互作用,形成"天然－人工"双驱动力作用下的流域水资源二元演化结构。因此,建立流域水循环二元演化模型的步骤是:先分离再耦合,即首先建立分布式流域水循环模拟模型模拟各水循环与能量循环要素过程,建立集总式流域水资源调控模型模拟人工侧枝水循环过程中的水量分配问题,然后将两者紧密耦合起来。

WEP－L 模型的平面结构如图 9-2 所示。坡面汇流计算根据各等高带的高程、坡度与 Manning 糙率系数(各类土地利用的谐和均值),采用一维运动波法将坡面径流由流域的最上游端追迹计算至最下游端。各条河道的汇流计算,根据有无下游边界条件采用一维运动波法或动力波法由上游端至下游端追迹计算。地下水流动分山丘区和平原区分别进行数值解析,并考虑其与地表水、土

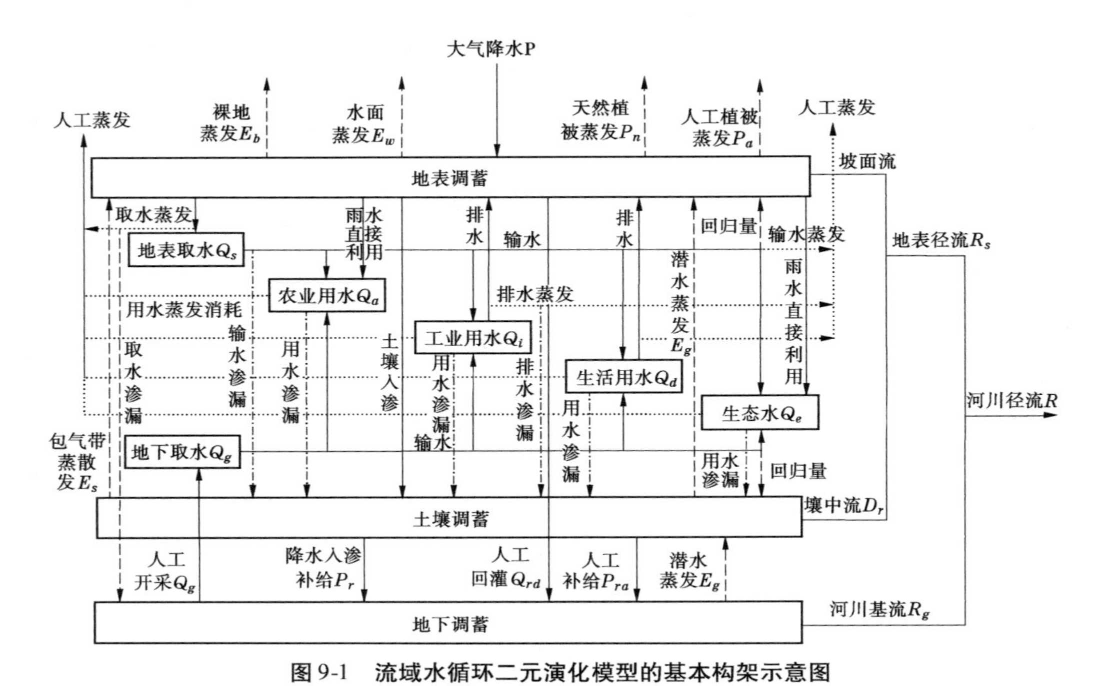

图 9-1　流域水循环二元演化模型的基本构架示意图

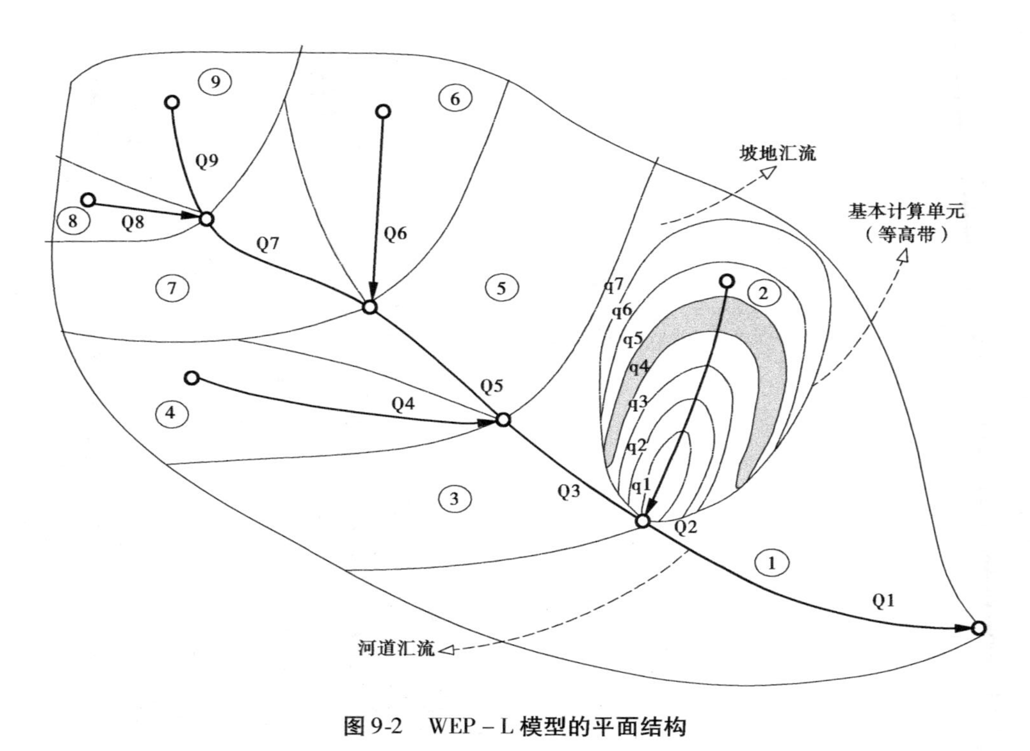

图 9-2　WEP－L 模型的平面结构

壤水及河道水的水量交换。

WEP－L 模型各计算单元的铅直方向结构如图 9-3 所示。土壤中层、土壤底层从上到下包括植被或建筑物截流层、地表洼地储留层、土壤表层、过渡带层、浅层地下水层和深层地下水层等。状态变量包括植被截流量、洼地储流量、土壤含水率、地表温度、过渡带层储水量、地下水位及河道水位等。主要参数包括植被最大截流深、土壤渗透系数、土壤水分吸力特征曲线参数、地下水透水系数和产水系数、河床的透水系数和坡面、河道的糙率等。为考虑计算单元内土地利用的不均匀性,采用了"马赛克"法即把计算单元内的土地归成数类,分别计算各类土地类型的地表面水热通量,取其面积平均值为计算单元的地表面水热通量。土地利用首先分为裸地－植被域、灌溉农田、非灌溉农田、水域和不透水域 5 大类。裸地－植被域又分为裸地、草地和林地 3 类,不透水域分为城市地面与都市建筑物 2 类。另外,为反映表层土壤的含水率随深度的变化和便于描述土壤蒸发、草或作物根系吸水和树木根系吸水,将透水区域的表层土壤分割成 3 层。

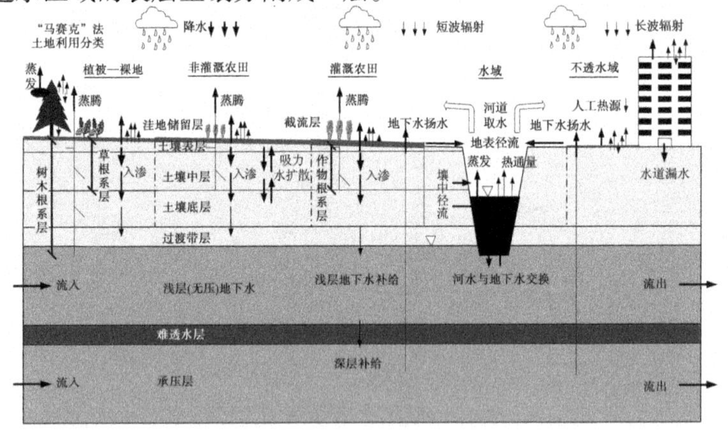

图 9-3　WEP－L 模型各计算单元的铅直方向结构(基本计算单元内)

9.2 人类活动和气候变化对三川河流域径流量的影响

黄土高原水土流失严重,生态环境恶劣。近几十年大规模的水土保持工作,改变了流域下垫面条件,使流域的产流条件发生了改变。同时,区域性的降水变化也对流域水文产生了一定影响。资料统计表明,20 世纪 90 年代以来,黄土高原主要支流的径流量较五六十年代显著减少,对流域水资源利用和生态环境建设等方面产生了直接影响。科学定量分析径流量的变化原因不仅是流域水资源评价的重要内容,而且也是流域水资源科学开发与合理利用的基础。基于流域天然水文过程模拟,本书研究了气候变化和人类活动对黄河中游三川河流域径流量的影响。

9.2.1 分析方法

流域水文变化是环境变化的结果,环境变化主要指气候变化(波动)和人类活动对流域下垫面等自然状况的改变两个方面。采用流域水文模拟途径分析流域径流的变化原因,就是将人类活动和气候变化二者视为影响径流变化的两个相互独立的因子,通过天然的降水、蒸发和径流等观测资料,建立合格的流域水文模型,据此率定的模型参数可反映流域的天然产流状况,然后将人类活动影响期间的气候因子输入建立的水文模型,进而延展相应时期的天然径流量。因此,分析流域径流变化原因的关键之一是流域水文模型的建立。

以流域天然时期的径流量作为基准,则人类活动影响时期的实测径流量与天然时期基准值之间的差值包括两部分,一部分为人类活动影响,另一部分为气候变化影响。人类活动和气候变化对流域径流影响的分割方法如下:

$$\Delta W_T = W_{HR} - W_B \tag{9-1}$$

$$\Delta W_H = W_{HR} - W_{HN} \tag{9-2}$$

$$\Delta W_C = W_{HN} - W_B \tag{9-3}$$

$$\eta_H = \frac{\Delta W_H}{\Delta W_T} \times 100\% \tag{9-4}$$

$$\eta_C = \frac{\Delta W_C}{\Delta W_T} \times 100\% \tag{9-5}$$

式中 ΔW_T ——径流变化总量；

ΔW_H ——人类活动对径流的影响量；

ΔW_C ——气候变化对径流的影响量；

W_B 为——天然时期的径流量；

W_{HR} ——人类活动影响时期的实测径流量；

W_{HN} ——人类活动影响时期的天然径流量，由水文模型计算得出；

η_H、η_C ——人类活动和气候变化对径流影响百分比。

9.2.2 三川河流域天然水文过程模拟

由于三川河流域在1970年之前水土保持措施较少，因此将该时期视为流域的天然时期，利用1970年之前的资料建立模型，选用Nash－Sutcliffe模型效率系数R^2和模拟总量相对误差RE为目标函数进行参数率定。

图9-4给出了后大成站实测与模拟径流量过程。由图9-4可以看出，实测与模拟径流过程较为吻合。统计结果表明，计算年径流量与实测值非常接近，最大相对误差不超过15%，率定期(1958～1966年)和检验期(1967～1969年)的Nash－Sutcliffe模型效率系数分别为87.4%和79.6%，平均相对误差也均小于3%。由此说明，应用该模型计算人类活动影响期间的天然径流量具有较高的可信度。

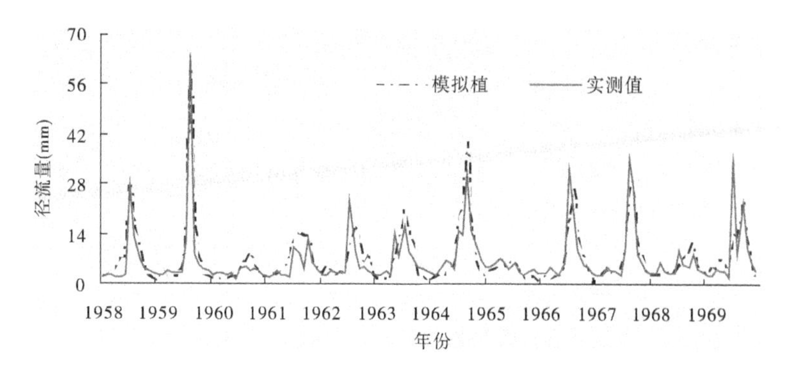

图 9-4　后大成站实测与模拟径流量过程

9.2.3　人类活动和气候变化对三川河流域径流量的影响

根据三川河流域天然时期的模型参数和 1970 年以后的气象资料,计算该流域人类活动影响期间的天然径流量,以天然时期的径流量为基准,分析人类活动和气候变化对后期径流量的影响。表 9-1 给出了环境变化对三川河流域径流量影响的分析结果。

表 9-1　环境变化对三川河流域径流量影响的分析结果

时段(年)	实测值(mm)	计算值(mm)	总减少量(mm)	气候因素		人类因素	
				减少量(mm)	减少占比(%)	减少量(mm)	减少占比(%)
背景值	83.28	83.31					
1970 ~ 1979	60.34	77.82	22.94	5.49	23.9	17.45	76.1
1980 ~ 1989	46.63	74.76	36.65	8.55	23.3	28.10	76.7
1990 ~ 1999	39.38	66.71	43.90	16.60	37.8	27.30	62.2
2000 ~ 2005	24.61	60.27	58.67	23.04	39.3	35.63	60.7
1970 ~ 2000	44.75	70.96	38.52	12.35	32.1	26.17	67.9

由表 9-1 可以看出:

(1)三川河流域实测径流量具有明显的递减趋势,其中,1990 ~

1999 年的年均径流量不到基准值的 50%。

(2)不同时期人类活动和气候变化对径流的影响程度不同,气候因素对径流量的影响程度呈增加趋势,例如,20 世纪 90 年代,受气候变化影响的径流减少量(16.6 mm)基本是 70 年代相应减少量(5.49 mm)的 3 倍。

(3)人类活动对径流的绝对影响量也基本呈增加趋势,20 世纪 70 年代,人类活动影响的径流减少量为 17.45 mm,而在八九十年代,相应的绝对影响量均在 28 mm 左右。

(4)平均而言,气候变化和人类活动对径流的影响量约占径流总减少量的 32.1% 和 67.9%,人类活动是三川河流域近些年径流量减少的主要原因。

9.3 基于二元模拟的水资源演变分析

如上所述,1956~2000 年 45 年中,自然驱动力中,受水文变化的影响,系列的降水量有减少趋势,另外由于日照、相对湿度、日均风速三项因子影响,水面蒸发量总体略有下降;对于人工驱动项,三川河流域用水量有较大增长,下垫面发生了较大的变化。在"自然-人工"二元驱动力作用下,三川河流域水资源也发生了深刻演变。为此,本研究对水资源历史演变过程进行模拟,以摸清"自然-人工"二元驱动力作用下的水资源演变客观规律。

为描述三川河流域水资源演变的过程及其规律,本研究利用了二元演化模型对 1956~2000 年系列实际过程进行"仿真"模拟,包括采用了各历史时期实际系列的气象信息、下垫面信息和供用水信息。其中,由于难以得到逐年下垫面情况,研究采用时段代表方法,分别选用了 6 期下垫面信息,代入对应时段模拟。6 期下垫面分别为:1956~1959 年系列代表下垫面、1960~1969 年系列代表下垫面、1970~1979 年系列代表下垫面、1980~1989 年系列代表下垫面、1990 ~ 2000 年系列代表下垫面和 2000 年下垫面，以此组成下垫面系列，与人工取用水的逐年过程共同形成两大人类活动影响要素系列，再与逐年气象信息一起作为水资源系列模拟仿真的基础。

9.3.1 广义水资源演变

三川河流域广义水资源系列仿真评价如表 9-2 所示。

表 9-2 三川河流域广义水资源系列仿真评价 （单位：亿 m^3）

时段（年）	年降水量	广义水资源量						无效降水量
		狭义水资源量	有效蒸散发量*				总量	
			农田有效蒸散发量	林草有效蒸散发量	居工地有效蒸散发量	总量		
1956 ~ 1959	22.6	3.00	5.36	9.12	0.006	14.486	17.486	5.114
1960 ~ 1969	22.2	2.66	5.12	8.78	0.006	13.996	16.566	5.633
1970 ~ 1979	20.6	2.53	4.84	8.29	0.006	13.136	15.666	4.934
1980 ~ 1989	21.3	2.27	5.11	8.79	0.005	13.905	16.175	5.125
1990 ~ 2000	20.1	2.09	4.79	8.82	0.005	13.615	15.705	4.395
1956 ~ 1979	21.6	2.66	5.05	8.63	0.006	13.686	16.346	5.254
1980 ~ 2000	20.7	2.12	4.94	8.81	0.005	13.755	15.875	4.825

注：* 根据前面所述，有效蒸发量主要包括农田有效蒸散发量、林草有效蒸散发量和居工地有效蒸散发量三大类，潜水蒸散发量已统计在狭义水资源量中，因此此处的有效蒸散发不包括潜水蒸散发量。另外，林草有效蒸散发量根据其盖度来确定。

9.3.2 狭义水资源演变

三川河流域 1956 ~ 2000 年系列不同时段狭义水资源评价的“历史仿真”结果见表 9-3。

表 9-3　分区"片水"资源系列仿真评价结果　　（单位:亿 m^3）

时段（年）	地表水资源量	地下水资源量		狭义水资源总量
		地下水资源总量	不重复地下水资源量	
1956～1959	2.89	1.26	0.102	3.00
1960～1969	2.56	1.22	0.096	2.66
1970～1979	2.43	1.10	0.103	2.53
1980～1989	2.10	1.03	0.168	2.27
1990～2000	1.89	0.99	0.194	2.09
1956～1979	2.56	1.18	0.101	2.66
1980～2000	1.99	1.01	0.182	2.12

从表 9-3 可以看出,在"自然－人工"二元驱动力作用下,三川河流域 1980～2000 年系列平均狭义水资源总量较 1956～1979 年系列低 20.3%,其中地表水资源衰减 22.3%,但不重复的地下水资源增加了 80.2%。

为综合描述子流域内部以及子流域出口断面到控制断面之间的河道共同引起的水资源演变,表 9-4 给出了三川河后大成断面不同时期水资源系列仿真评价结果。

表 9-4　三川河后大成断面不同时期水资源系列仿真评价结果

（单位:亿 m^3）

时段(年)	河川径流量	不重复地下水资源量	狭义水资源总量
1956～1959	2.87	0.102	2.970
1960～1969	2.49	0.096	2.586
1970～1979	2.21	0.103	2.313
1980～1989	1.90	0.168	2.068
1990～2000	1.72	0.194	1.914
1956～1979	2.44	0.101	2.541
1980～2000	1.80	0.182	1.982

从表9-4可以看出，后大成断面1980～2000年平均天然径流量为1.80亿 m^3，比1956～1979年减少了26.2%；地下水不重复量为0.182亿 m^3，比1956～1979年增加了80.2%，狭义水资源总量为1.982亿 m^3，比1956～1979年减少了22.0%。

9.4 各项因子的水资源演变效应定量计算

为科学识别出各项自然和人工因子对于三川河流域水资源演变的影响，本次研究采取情景对比模拟的方式，具体是在模型中只考虑某种因子变化，保持其他因子不变，然后对比模拟结果来评价该项因子的水资源演化效应。本次研究考虑的自然、人工因子变化类型，主要包括气象要素、人工取用水、水土保持措施和综合下垫面变化四大类。

9.4.1 气象要素对水资源的影响

对2000年现状下垫面、分离用水条件下各年代水资源量进行模拟，对比分析各年代气象要素对水资源的影响。

9.4.1.1 分区“片水”资源演变

以2000年现状下垫面、分离用水条件为基础，三川河流域各年代水资源评价结果见表9-5。

表9-5 三川河流域气象要素对“片水”资源的影响

（单位：亿 m^3）

时段（年）	年降水量	地表水资源量	地下水资源总量	不重复地下水资源量	水资源总量	有效蒸散发量	无效降水量
1956～1959	22.6	2.77	1.33	0.104	2.87	15.37	4.36
1960～1969	22.2	2.53	1.38	0.098	2.63	14.55	5.02
1970～1979	20.6	2.40	1.18	0.079	2.48	13.61	4.51

续表 9-5

时段（年）	年降水量	地表水资源量	地下水资源总量	不重复地下水资源量	水资源总量	有效蒸散发量	无效降水量
1980～1989	21.3	2.12	1.10	0.075	2.20	14.28	4.82
1990～2000	20.1	1.99	1.09	0.078	2.06	13.73	4.31
1956～1979	21.6	2.51	1.29	0.091	2.61	14.29	4.70
1980～2000	20.7	2.05	1.09	0.077	2.13	13.99	4.58

从表 9-5 可以看出，三川河流域 1980～2000 年系列年均降水量较 1956～1979 年系列低 4.2%，造成广义水资源量减少 4.6%，径流性水资源量减少 18.4%，其中地表水资源量偏少 18.3%，不重复的地下水资源量偏小 15.4%。20 世纪 90 年代降水衰减导致水资源衰减得厉害，1990～2000 年系列年均降水量较 1956～1979 年系列低 6.9%，造成广义水资源量减少 6.6%，径流性水资源量减少 21.1%，其中地表水资源量偏少 20.1%，不重复的地下水资源量偏小 14.3%。在三川河流域，降水减少引起的地表水资源量的衰减要比地下水资源量大，狭义水资源总量的衰减比广义水资源总量大。

9.4.1.2 控制断面水资源演变

为综合描述坡面和河道共同引起的水资源演变，以 2000 年现状下垫面、分离用水条件为基础，三川河流域气象要素对断面水资源的影响见表 9-6。

从表 9-6 可以看出，三川河断面 1980～2000 年平均天然径流量为 1.86 亿 m^3，比 1956～1979 年减少了 21.2%；地下水不重复量为 0.077 亿 m^3，比 1956～1979 年减少了 15.4%；狭义水资源总量为 1.94 亿 m^3，比 1956～1979 年减少了 21.0%。受降水减少影响，总的变化是地表径流量和狭义水资源量减少。1990～2000 年，

表 9-6　三川河流域气象要素对断面水资源的影响

（单位：亿 m^3）

时段（年）	河川径流量	地下水不重复量	狭义水资源总量
1956 ~ 1959	2.65	0.104	2.754
1960 ~ 1969	2.37	0.098	2.468
1970 ~ 1979	2.24	0.079	2.319
1980 ~ 1989	1.91	0.075	1.985
1990 ~ 2000	1.81	0.078	1.888
1956 ~ 1979	2.36	0.091	2.451
1980 ~ 2000	1.86	0.077	1.937

平均天然径流量为 1.81 亿 m^3，比 1956 ~ 1979 年减少了23.3%；地下水不重复量为0.078 亿 m^3，比 1956 ~ 1979 年减少了 14.3%；狭义水资源总量为 1.89 亿 m^3，比 1956 ~ 1979 年减少了 22.9%。

9.4.2　人工取用水对于流域水资源演变的影响

人工取用水对于流域水资源演变的定量计算，可以在二元模型中，保持降水和下垫面条件不变，即采用 2000 年下垫面 1956 ~ 2000 年降水系列模式，取天然水循环和人工取用水耦合分离两种情景分别进行模拟，然后对比其结果，即可得到人工取用水对流域水资源演变的影响。

9.4.2.1　分区"片水"资源演变

人工取用水改变了水资源的天然分配状况，引起了流域产水条件以及水分循环路径的改变。从表 9-7 可以看到，人工取用水改变了三川河流域水资源量的构成，地表水资源量减少了 0.11 亿 m^3。其主要原因：一方面，取水—用水—耗水—排水改变水资源的分布，影响了地表径流的产水条件，而地下水的开采致使包气带厚度增厚，增加了地表径流的入渗量，减少了地表径流量。另一方面，人工开采地下水使得地下水位降低，减少了地下水向河流—埋深的排泄量，不重复量增加了0.10亿m^3。不重复地下水资源量受地下水补给量和排泄量的影响。地下水资源量主要受降水入渗量和地表水体入渗补给量的影响。降水入渗量和地表水体入渗补给量除受岩性、降水量、地形地貌、植被等因素的影响外，还受地下水埋深的影响；当地下水位埋深较浅时，补给系数随着水位埋深的增加而增加；当地下水位埋深超过某一临界值时，补给系数接近零值，而人工开采地下水改变了地下水的排泄方式，袭夺了潜水蒸发以及河川基流量，两种因素共同作用导致不重复量增加。地表水资源量的减少和不重复量的增加使得狭义水资源总量减少了0.01亿m^3。人类大量取用地下水降低了地下水位，增加了包气带的厚度和土壤储存水的容量，因而有效蒸散发量增加了0.13亿m^3。狭义水资源量的减少和有效蒸散发量的增加使得广义水资源总量增加了0.12亿m^3。虽然人工取用水对狭义水资源总量影响不大，但是改变了其水资源量的构成。广义水资源量有明显增加，可见人工取用水下增加了降水的有效利用量。

表9-7　人工取用水引起的水资源量变化

情景	降水量（亿m^3）	地表水资源量（亿m^3）	不重复量（亿m^3）	地下水资源量（亿m^3）	有效蒸散发量（亿m^3）	狭义水资源			广义水资源总量（亿m^3）
						总量（亿m^3）	产水系数	产水模数（万m^3/km^2）	
无人工取用水	21.2	2.30	0.08	1.20	14.15	2.38	0.11	5.64	16.53
有人工取用水	21.2	2.19	0.18	1.17	14.28	2.37	0.11	5.62	16.65

从对比结果可以看到，人工取用水改变了产水条件，影响了水

资源量的构成,主要表现在:

(1) 改变狭义水资源量的构成。人工取用水通过袭夺基流减少了地下水的河川排泄量,从而使得河川径流量有明显减少。如果开采地下水的量在一定限度内,地下水补给量不变或者有所减少,不重复的地下水资源量增加;如果开采量太大,包气带加厚导致地表水不容易补给地下水,则会减少不重复的地下水资源量。

(2)改变广义水资源量的构成,主要表现在有效降水利用量的增加上。人工取用水造成地下水位下降,包气带增厚,一定程度上增加了有效的土壤水资源量,有利于降水的就地利用。虽然总的广义水资源量没有太大变化,但水资源的构成变化带来一系列生态环境后效,包括河流生态系统的维护以及地下水超采负面生态环境后效等问题。

9.4.2.2 控制断面水资源演变

以 1956～2000 年气象系列、2000 年下垫面条件为基础,三川河流域有、无取用水两种情景下的 45 年系列各主要控制断面站水资源评价结果见表 9-8。

表 9-8　2000 年下垫面条件下的断面水资源评价结果

(单位:亿 m^3)

有取用水情景			无取用水情景		
河川径流量	不重复地下水量	狭义水资源总量	河川径流量	不重复地下水量	狭义水资源总量
2.03	0.18	2.21	2.21	0.08	2.29

从表 9-8 可以看出,三川河断面有取用水情景下天然径流量为2.03亿 m^3,比无取用水情景下减少了 8.1%;地下水不重复量为 0.18 亿 m^3,比无取用水情景下多 125.0%;狭义水资源总量为 2.21亿 m^3,比无取用水情景减少了 3.5%。

9.4.3 水土保持措施对水资源的影响

水土保持措施的数量、质量及其分布状况是分析水土保持措施水沙效应的基础，水沙基金第一期研究统计了三川河流域各时期的水土保持面积，并进行大量扎实、细致的基础工作，通过合理确定梯田、林地、草地、坝地四大水土保持措施的保存率，得出了一套较为切合实际的数据。因此，本书研究采用水沙基金第一期研究核实的面积。

本研究以天然状态下的水循环为研究模式，以 1956 ~ 2000 年降水系列为研究背景，对照分析下列两种不同下垫面情景下的水循环过程，以揭示三川河流域水土保持措施（梯田、林地、草地和坝地）的水文及水资源趋势性效应。

情景 1：将 1996 年的水土保持面积插值得到 2000 年面积，并使用 2000 年土地利用遥感解译数据，模拟三川河流域 2000 年下垫面条件下的水循环过程。三川河流域四种水土保持措施（梯田、林地、草地和坝地）的总面积为 1 728 km^2，其中林地面积为 1 338 km^2，草地面积为 53 km^2，梯田面积为 311 km^2，坝地面积为 26 km^2。

情景 2：假设 2000 年下垫面条件下的所有水土保持措施的土地利用类型全部置换为裸地，模拟三川河流域水循环过程。

模拟结果如表 9-9 所示。情景 1 下垫面条件下三川河流域多年平均地表水资源量为 2.30 亿 m^3，不重复量为 0.084 亿 m^3，地下水资源量为 1.20 亿 m^3，狭义水资源总量为 2.38 亿 m^3，广义水资源量为 16.53 亿 m^3，约为狭义水资源总量的 6.95 倍。

情景 2 下垫面条件下三川河流域多年平均地表水资源量为 2.74 亿 m^3，不重复量为 0.076 亿 m^3，地下水资源量为 1.19 亿 m^3，狭义水资源总量为 2.81 亿 m^3，广义水资源量为 14.31 亿 m^3，约为狭义水资源总量的 5.09 倍。

表 9-9　水土保持措施对水资源量的影响

水土保持措施	降水	地表水资源量	地下水资源量	不重复量	狭义水资源总量	有效蒸散发量	广义水资源总量
情景 2(亿 m^3)	21.2	2.74	1.19	0.076	2.81	11.50	14.31
情景 1(亿 m^3)	21.2	2.30	1.20	0.084	2.38	14.15	16.53
变化量(亿 m^3)	0	-0.44	0.01	0.008	-0.43	2.65	2.22
变化率(%)	0	-16.06	0.84	10.43	-15.24	23.04	15.51

(1)分区“片水”资源演变。

水土保持改变了局部水循环条件,使得流域水循环的各要素过程发生变化,从而使得各水资源构成也发生相应的变化。

水土保持减少了地表水资源量,但是增加了地下水资源量以及有效蒸发量,增加了降水的直接利用量,提高了降水的有效利用率。水土保持措施加强了水循环的垂向过程而削弱了水循环的水平过程,因而地表水资源量减少 0.44 亿 m^3,减少幅度为 16.06%,而降水入渗增加,则导致地下水资源量增加 0.01 亿 m^3,增加幅度为 0.84%;由于潜水蒸发增加了水分的垂向运动而减少了地下径流,不重复量增加 0.008 亿 m^3,增加幅度为 10.53%;在地表水和不重复量的共同影响下狭义水资源总量减少 0.43 亿 m^3,减少幅度为 15.24%;植被蒸发以及地表截流增加,使得有效蒸散发量增加 2.65 亿 m^3,增加幅度为 23.04%;广义水资源量增加 2.22 亿 m^3,增加幅度为 15.51%。在各水资源量中,变化率最大的是有效蒸散发量,可见水土保持增加了植被对降水的直接利用量,增加了水分的生态效用。

(2)控制断面水资源演变。

以 1956~2000 年气象系列、2000 年现状下垫面和分离用水条件为基础,三川河流域有、无水土保持措施两种情景下的 45 年系列后大成控制断面站水资源评价结果见表9-10。

表9-10　现状下垫面有、无水土保持措施情景下的断面水资源评价结果

（单位：亿 m^3）

有水土保持措施（情景1）			无水土保持措施（情景2）		
河川径流量	不重复量地下水量	狭义水资源总量	河川径流量	不重复地下水量	狭义水资源总量
2.21	0.084	2.294	2.69	0.076	2.766

从表9-10可以看出，后大成断面有水土保持情景下天然径流量为2.21亿 m^3，比无水土保持情景下减少了17.8%；地下水不重复量为0.084亿 m^3，比无水土保持措施情景下增加10.5%；狭义水资源总量为2.294亿 m^3，比无水土保持措施情景减少了17.1%。

（3）分区"片水"资源演变。

植树造林、人工梯田、淤地坝等水土保持措施增加了地表植被的覆盖度，增加了地表的截面、叶面蒸散发以及植被的蒸腾量，同时改变了降水的入渗条件，相应减少了地表径流和地下径流量，增加了生态对于降水的有效利用量；水库建设增加了地表截流和渗漏、蒸发，使得地表径流减少，地下水的补给增加。另外，城市化进程的提高导致不透水面积大幅度增加，从而减少了地表截流和入渗，使得地表径流增加，而地下径流减少。各种因素综合作用，影响了流域地表、地下产水量，导致入渗、径流、蒸散发等水平衡要素的变化，改变了水资源量的构成。采用二元模型进行计算（见表9-11），初步得出：地表水资源量减少4.2%；不重复地下水资源量减少2.8%；地下水资源量变化不大，有效蒸散发增加7.1%；狭义水资源总量减少4.3%；广义水资源总量增加了5.3%。下垫面的变化引起的广义水资源总量的变化要小于狭义水资源量总量。

表 9-11　下垫面条件变化引起的水资源量变化

情景	降水量	地表水资源量（亿 m^3）	不重复地下水量（亿 m^3）	地下水资源量（亿 m^3）	有效蒸散发量（亿 m^3）	狭义水资源			广义水资源总量（亿 m^3）
						总量（亿 m^3）	产水系数	产水模数（万 m^3/km^2）	
历史下垫面	21.2	2.40	0.087	1.20	13.21	2.487	0.12	5.89	15.70
2000 年下垫面	21.2	2.30	0.084	1.20	14.15	2.384	0.11	5.64	16.53

(4)控制断面水资源演变。

以 1956～2000 年气象系列和 2000 年无人工取用水为背景，历史下垫面和 2000 年下垫面条件下的 45 年系列后大成控制断面水资源评价结果见表 9-12。

表 9-12　历史和 2000 年下垫面条件下的断面水资源评价结果

（单位：亿 m^3）

历史下垫面			2000 年下垫面		
地表水	不重复地下水资源量	狭义水资源总量	地表水	不重复地下水资源量	狭义水资源总量
2.37	0.087	2.457	2.21	0.084	2.294

从表 9-12 可以看出，后大成断面 2000 年现状下垫面情景下天然径流量为 2.21 亿 m^3，比历史下垫面情景下减少了 6.8%；地下水不重复量为 0.084 亿 m^3，比历史下垫面情景下减少 3.4%；狭义水资源总量为 2.294 亿 m^3，与历史下垫面情景减少 6.6%。

第 10 章　结论及讨论

10.1　主要认识与结论

10.1.1　对以往研究成果的分析与总结

以往的研究成果具有以下两个特点：

(1)以大量实测数据分析为主,集中在小尺度试验区水土保持措施的水沙效应分析。

(2)流域尺度的定量研究主要集中在森林破坏对流域水文的影响,其他人类活动的影响目前还多限于定性的分析和笼统的定量研究阶段;而水文模型参数作为流域水文属性与地理属性的结合,水土保持措施对该方面影响的研究则更少,目前仅处于初步探索阶段。

本书总结认为,尽管以该流域资料建立的降水－径流模型具有较好的模拟效果,但由不同模型计算的水土保持措施的减水作用差异较大,甚至出现结果相反的结论,主要是以下两个方面的原因：

(1)不同模型使用者所使用的资料尤其是降水资料之间存在差异。

(2)统计模型本身内插精度高,但外延精度低、误差大的内在缺陷。指出并建议应采用具有一定物理基础的概念性水文模型作为分析工具,从而在一定程度上解决经验模型原则上无法解决的高水外延和无资料地区的水文计算问题。

10.1.2 资料处理及流域水文变化特点

根据站点降水资料系列尽可能长、雨量站的地域分布尽可能均匀、站点降水量与流域径流量的相关性尽可能强的原则，在统计相关分析的基础上，选出 24 个站点作为流域水文变化分析研究中的代表性雨量站。采用对比分析的方法，计算并得到 1957 ~ 2000 年具有相对一致性的面平均降水量序列。

以年径流系数序列为研究对象，采用序列滑动平均法和有序聚类法分析了流域水文变化的阶段性，认为三川河流域水文变化经历了由高到低，再到高的三个阶段。所划分的 3 个阶段分别为：第 1 阶段，1957 ~ 1969 年；第 2 阶段，1970 ~ 1979 年；第 3 阶段，1980 ~ 2000 年。在此基础上，进一步分析了各阶段年降水量与径流量的关系，结果表明：

(1)年降水量与径流量之间存在明显的相关关系。

(2)第 2 阶段关系线的斜率小于第 1 阶段关系线的斜率，且基本上全部处于第 1 阶段关系线以下，说明对于相同的降水量，在第 1 阶段的下垫面条件下，产流量大于第 2 阶段的，且随着降水量的增加，两种情况下的产流量差异增大。

(3)第 3 阶段的点群大多位于第 1 阶段点群之上，降水径流关系线的斜率较小，且与第 1 阶段的关系线相交在年降水量约 580 mm 的地方。

由此说明对于中、小降水年份，第 3 阶段状况下的产流量大于第 1 阶段状况下的产流量，对于年降水量大于 580 mm 的丰水年份，第 3 阶段状况下的产流量小于第 1 阶段状况下的产流量。

流域降水量具有年际变化大、年内分配集中的特点，流域多年平均降水量为 490.2 mm，降水量的 70% ~80% 集中于汛期(6 ~9 月)，且 7 ~8 月的降水量最大；冬季降水量较少，最小月降水量出现在 1 月和 12 月，不足多年平均降水量的 0.8%(除全流域 20 世纪 70 年代的 12 月）。降水量最多月与最少月之比达 34.41。20 世纪 70 年代以前，年降水量超过 500 mm；七八十年代降水量基本相当，在 480 mm 左右；90 年代，降水相对较少，平均年降水量约为 446.87 mm。

流域控制站后大成站多年平均径流量为 2.73 亿 m^3，河川径流的年内分配随年代际变化趋势差异性不大，均表现为汛期(6～9 月)的径流量最大，达 50% 以上，7～9 月 3 个月的径流量占全年径流量的 48%。20 世纪 60 年代年径流量为 3.84 亿 m^3，比多年平均径流多 40.7%；70 年代年径流量为 2.86 亿 m^3，较多年平均径流量多 4.76%；到 80 年代，径流量为 2.04 亿 m^3，比多年平均径流量少 25.3%，而 1990～2000 年，径流量锐减为 1.78 亿 m^3，比多年平均径流量少 34.8%。总体来看，主汛期 7、8 月径流量所占年径流量的比例具有减少趋势，而非汛期，特别是 1 月，径流量具有明显增加趋势；说明水土保持措施总体上具有降低地面径流比例、增加地下径流成分的功能。

10.1.3 水土保持措施对暴雨洪水要素及径流组成的影响

采用序列前后对比分析、相似降水对比分析和径流分割等途径，研究了水土保持措施对径流组成和暴雨洪水要素的影响。

径流分割结果表明：

(1)地面径流是河川径流的主要成分，各年代平均地面径流均超过河川径流量的 70%，这主要因为三川河流域的产流机制是以超渗产流为主的。

(2)地面径流所占的比例具有递减趋势，其中 20 世纪 80 年代，地面径流所占的比例最低。主要因为水土保持措施改善了土壤结构，增大了下渗，减小了地表径流。

(3)圪洞站和陈家湾的地面径流所占比例高于后大成站地面径流所占的比例。分析认为，大流域具有相对较强的调蓄能力，使得洪水过程和径流的年内分配相对平缓。

根据降水量的大小、降水历时等指标，将场次降水划分为大雨、暴雨和特大雨三种类型，采用相似降水对比分析途径，研究了水土保持措施对暴雨要素的影响，结果表明：三川河流域中雨、大雨和暴雨的分布较为均匀。全流域不同类型降水占对应测站降水总量的比例分别为：中雨为30%～40%，大雨为20%左右，暴雨不足10%。不同站点的暴雨主要出现于：北川河流域（开府1）、南川河流域（开府2）和三川河干流区（后大成和金家庄）。同时，比较不同类型降水的空间分布可见，中雨各站逐年平均降水量北川河最大，南川河次之，东川河与三川河干流区相似；多年平均大雨量最大出现于北川河，最小出现于三川河干流区；多年平均暴雨最大仍位于北川河，南川河与三川河干流区相似，而东川河最小。

10.1.4 流域水文模型的选择及对比分析

根据模型的内在精度、模型的可利用性或模型投资、模型的结构及参数和模型的灵活性与地域适应性，选择了8个概念性水文模型，分别为AWBM模型、SIMHYD模型、SARC模型、SMAR模型、TANK模型、YRWBM模型、SWAT模型和VIC模型。利用这8个模型对三川河流域圪洞站、陈家湾站和后大成站1957～1979年的逐月和逐日流量进行了模拟，并选用模拟总量相对误差R_e和Nash-Sutcliffe模型效率系数R^2为目标函数进行参数率定和模型评价。其结果表明：

（1）各模型对月流量具有较好的模拟效果，对后大成站，日平均R_C^2为41.98%，月平均R_C^2达79.01%，大多数模型的R^2都接近或超过50%，个别达到80%以上，平均相对误差RE也多控制在10%以内。

（2）各模型对陈家湾日流量的模拟效果较差，平均R_C^2仅为36.22%；但对圪洞站的模拟效果相对较好，平均R^2为56.15%，个别超过50%。

(3)与其他模型相比,YRWBM模型对日流量具有更好的模拟效果,$R_C{}^2$均值为53.83%;对月流量有较好模拟效果的是SIMHYD模型,$R_C{}^2$均值为77.93%。

10.1.5 水土保持措施对模型参数的影响

基于水量平衡原理建立的黄河水量平衡模型具有结构简单、参数少、地区适应能力强的优点,该模型有4个参数,并且每个参数都具有较为明确的物理意义。该模型考虑了3种径流成分:地面径流、地下径流和融雪径流。在模型的运算中,先根据气温和降水资料,进行雪、雨划分和流域内积雪计算;然后根据土壤湿度和时段降水量线性估算地面径流,融雪径流与气温具有指数型关系,并与流域内积雪量线性相关;地下径流按线性水库出流理论计算。为方便模型的推广应用,开发了模型的Excel版本。根据三川河流域的水文气象资料,分别率定了各个年代的模型参数。

在对各种水土保持措施蓄水拦洪机制分析的基础上,对各年代水土保持措施进行了概化统一,计算了各年代的水土保持综合治理程度,进而分析了流域治理度与模型参数之间的关系。其结果表明:随治理度的增加,土壤蓄水容量基本呈现线性增加趋势,而地下径流系数却呈幂函数增加趋势。

10.1.6 水土保持措施对径流及其组成的影响

根据水土保持措施的特征及其拦减水沙的机制,可将它们划分为以下两种类型:

(1)滞蓄型,主要指造林、种草和作物轮种等措施,这些措施如同一个疏密不一但对水又有一定吸附力的筛子,它不仅可拦截一定的降水、改变雨滴的级配,而且可在一定程度上阻滞降水和径流;其主要特征是增加地表被覆、地表糙率和下渗,减少降水溅蚀,增强土壤抗蚀能力,减少并滞后水沙出流。

(2)拦蓄型,主要包括淤地坝和水库等措施,其主要特征是如同一个水盆,具有一定的容量,以直接拦蓄径流泥沙的方式减少流域水土流失量。

水利水土保持工程措施对暴雨产流产沙机制的影响,基本上可由其筛子效应和泥盆效应来体现:前者主要说明措施对径流泥沙的削弱调节作用,而措施的拦蓄功能及工程破坏主要由后者来体现。其综合影响的结果是使洪水泥沙过程不但变得较为低矮,而且具有一个较长且厚实的退水过程。

10.1.7　流域水循环二元演化模型在三川河流域的应用

探讨了主要基于 WEP-L 分布式流域水循环模拟模型与集总式流域水资源调控模型耦合的流域水循环二元演化模型在三川河流域的应用情况,模拟三川河流域的水循环和水资源演化过程。应用结果表明,耦合的流域水循环二元演化模型对三川河流域的月水文过程具有良好的模拟效果,其模拟精度与 SIMHYD 模型和 YRWBM 模型的模拟精度基本相当,说明了通过考虑降水空间分布不均匀性也可以显著提高模型的模拟效果,从而显示了二元演化模型良好的应用潜力,应用该模型计算人类活动影响期间的天然径流量具有较高的可信度。

10.1.8　水土保持措施对径流及其组成的影响

利用流域水循环二元演化模型模拟了各年代的径流组成,结果表明:

(1)三川河流域实测径流量具有明显的递减趋势,其中1990~2002 年期间的年均径流量不到基准值的 50%。

(2)不同时期人类活动和气候变化对径流的影响程度不同,气候因素对径流量的影响程度呈增加趋势,人类活动对径流的绝对影响量也基本呈增加趋势，平均而言，气候变化和人类活动对径流的影响量约占径流总减少量的32.1%和67.9%，人类活动是三川河流域近些年径流量减少的主要原因。

(3)人工取水不仅减少了狭义水资源量，也改变了广义水资源的构成，主要表现在有效降水利用量的增加上。虽然总的广义水资源量没有太大变化，但水资源的构成变化带来一系列生态环境后效，包括河流生态系统的维护以及地下水超采负面生态环境后效等问题。

综合分析了水土保持和降水条件变化对流域径流的影响，结果表明：

(1)三川河断面有取用水情景下天然径流量为2.03亿m^3，比无取用水情景下减少了8.1%；地下水不重复量为0.18亿m^3，比无取用水情景下多125.0%；狭义水资源总量为2.21亿m^3，比无取用水情景下减少了3.5%。

(2)后大成断面有水土保持措施情景下天然径流量为2.21亿m^3，比无水土保持情景下减少了17.8%；地下水不重复量为0.084亿m^3，比无水土保持措施情景下增加10.5%；狭义水资源总量为2.294亿m^3，比无水土保持措施情景下减少了17.1%。

(3)水土保持减少了地表水资源量，但是增加了地下水资源量及有效蒸发量，增加了降水的直接利用量，提高了降水的有效利用率。水土保持措施加强了水循环的垂向过程而削弱了水循环的水平过程，因而地表水资源量减少0.44亿m^3，减少幅度为16.06%，而降水入渗增加，则导致地下水资源量增加0.01亿m^3，增加幅度为0.84%；由于潜水蒸发增加了水分的垂向运动而减少了地下径流，不重复量增加0.008亿m^3，增加幅度为10.53%；在地表水和不重复量的共同影响下狭义水资源总量减少0.43亿m^3，减少幅度为15.24%；广义水资源量增加2.22亿m^3，增加幅度为15.51%。在各水资源量中，变化率最大的是有效蒸散发量，可见水土保持增加了植被对降水的直接利用量，增加了水分的生态效用。

(4)后大成断面2000年现状下垫面情景下天然径流量为2.21亿m^3，比历史下垫面情景下减少了6.8%；地下水不重复量为0.084亿m^3，比历史下垫面情景下减少3.4%；狭义水资源总量为2.294亿m^3，与历史下垫面情景减少6.6%。

10.2 存在问题及讨论

10.2.1 流域水文模型的选用问题

在目前常用的三类水文模型中，总体来看，基于数理统计的数据驱动模型最有可能得到好的模拟效果，但这类模型的致命弱点是对高水和低水外延具有很大的不确定性。因此，若使用这类模型，必须对建立模型所使用资料的代表性做充分的论证。

基于物理的分布式模型以其较好的物理基础及对无资料地区的强适应性成为目前科研院所和专家学者研究的热门主题之一，该类模型的优势在于模型具有良好的物理基础，模型参数理论上可以脱离水文资料而确定，模型不仅可以得到较为合理的模拟和外延效果，而且可以给出水文要素的空间分布。但该类模型对资料的海量需求使得目前多数流域难以满足其要求，不仅需要输入水文气象资料，而且还需要高比例尺的DEM、土壤属性、土地利用等资料，并且若脱离水文资料，尽管其产生的水文结果合理，但精度难以保证。

与上述两类模型相比，概念性水文模型具有一定的物理基础，可以在一定程度上解决极端水文事件的外延问题，并且对资料要求简单，大多数流域均可满足模型要求。目前，数学优化技术的发展使得该类模型的参数率定更为简单。模型的灵活性也使得模型具有更好的可推广性。

10.2.2 水土保持措施对模型参数影响的不确定性

基于水土保持措施改变了流域下垫面，进而对流域水文产生影响这一思路，在分阶段率定模型参数的前提下，建立了水土保持措施治理度与 YRWBM 模型参数之间的关系。尽管该关系式在物理解释上是合理的，但由于水土保持措施的流域水文效应是一个缓变的过程，同时，模型参数率定需要一定的资料系列长度，仅对于一个流域来说，很难得到足够的样本容量。因此，在本研究中，利用 4 个样本资料建立的关系式，具有一定的局限性。

建议采用多个流域开展研究，从而可获得足够的样本，建立更具有区域适应性的模型参数与流域治理度之间的关系式，以分析水土保持措施对模型参数的影响。

10.2.3 水土保持措施效益的正负两面性

根据以往研究成果，选 1970 年之前作为基准期，结合在本研究中的降水特性变化与人类活动影响分析结果，可以看出：尽管流域治理面积逐年代增加，但 20 世纪 70 年代，水土保持措施的作用是增水，在 80 年代，减少河川径流效果明显，而到了 90 年代以后，人类活动的蓄水效益又变得非常弱。其原因可以从以下几个方面解释：

以往的研究证明，水土保持措施对流域水文的影响是与治理程度、措施质量及流域的暴雨特性密切相关的，一般来说，幼年的林、草及梯田的修建不仅会对流域的原始地面造成一定程度的破坏，而且在初始的几年里基本不具备拦蓄径流的能力，并且在遭受较大暴雨袭击时，会因一些新修建的淤地坝破坏而引起更为严重的水土流失。

20 世纪 70 年代是水土保持开始兴建时期，一方面，这些新修建的水土保持措施本身就不具备强的拦蓄径流的能力;另一方面,该时期也是一个多暴雨的年代,尽管水土保持措施在平水年也发挥了一定的蓄水减洪作用,但措施的破坏引起更严重的水土流失,使得就平均状况而言,人类活动的作用呈现负值。

20 世纪 80 年代,流域内的水土保持已经具有一定规模,一些坝库骨干工程也进入巩固实施运行阶段,同时,该年代相对暴雨较少,人类活动对河川径流的拦蓄作用相对明显。

上述分析表明:水土保持措施的作用呈现具有极大值的抛物线形式。因此,如何延长水土保持措施的寿命,以充分发挥其蓄水拦沙效益,进而实现秀美山川的生态工程建设是水土保持工作者面临的一个重要课题。

参考文献

[1] Boughton W C. An Australian water balance model for semiarid watersheds [J]. Jour. Soil and Water Cons, 1995, 50(5):454-457.

[2] Boughton W C. A simple model for estimating the water yield of ungauged catchments[J]. Inst. Engs. Australia, Civil Engg. Trans, 1984, 26(2):83-88.

[3] Costa – Cabral M C, Burges S J. Digital elevation model networks(DEMON): a model of flow over hillslope for computation of contributing and dispersal areas[J]. Water Resources Research, 1994, 30(6):1681-1692.

[4] Crawford N H. Digital simulation in hydrology[M]. Stanford Watershed Model Ⅳ, 1966.

[5] Conway D. A water balance model of the upper Blue Nile in Ethiopia[J]. Hydrological Sciences Journal, 1997, 42(2):265-285.

[6] Edijatno, Nilo De Oliveira Nascimento, Xiaoliu Yang. GR3J: a daily water shed model with three parameters[J]. Hydrological Sciences Journal, 1999, 44(2):263-277.

[7] Fairfield J, Leymarie P. Drainage networks from grid digital elevation models [J]. Water Resources Research, 1991, 27(5):709-717.

[8] Foster G R. Evaluation of rainfall – runoff Erosion Factors for individual storms. Transactions of the ASAE. 1982.

[9] Foster G R, Meyer L D. Mathematical simulation of upland erosion by fundamental erosion mechanics[M]. Oxford: USDA, Sediment Lab, 1975.

[10] Han C T. Hydrologic modeling of small watershed[M]. Michiga: ASAE, 1984.

[11] Hua Shiqian. A study on mathematical rainfall – runoff modeling, proceedings of the international symposium on rainfall runoff modeling[M].

Mississippi State University, 1981.
[12] Onyando J O, Sharma T C. Simulation of direct runoff volumes and peak rates for rural catchments in Kenya[J]. East Africa.
[13] Juraj M Cunderlik. Hydrologic model selection for the CFCAS project: Assessment of water resources risk and vulnerability to changing climatic conditions[R]. 2003.
[14] Kovar K, Nachtnebel H P. Application of geographic information system in hydrology and water resources management[M]. IAHS Publication, 1996.
[15] Kachroo R K. River flow forecasting. Part 5. Applications of a conceptual model[J]. Journal of Hydrology, 1992, 133: 141-178.
[16] Lakhtakia M N, Yarnal B, White R A, et al. Simulating the river basin response to atmospheric forcing by linking a mesoscale meteorological model and hydrololgic model system[J]. Journal of Hydrology, 1999, 218(1-2): 72-91.
[17] Martz L W, Garbrecht J. An outlet breaching algorithm for the treatment of closed depressions in a raster DEM[J]. Computer & Geosciences, 1999, 25(6): 835-844.
[18] Mein R G, Larson C L. Modeling infiltration during a steady rain[J]. Water Resources Research, 1973, 9(2): 384-394.
[19] Meyer L D, Wischmeier W H. Mathematical simulation of the process for soil erosion by water[J]. Trans. ASAE, 1969, 12(6).
[20] Nash J E, Sutcliffe J. River flow forecasting through conceptual models, Part 1. A discussion of principles[J]. Journal of Hydrology, 1970, 10(3): 282-290.
[21] O' Connell P E, Nash J E, Farrel J P. Riverflow forecasting through conceptual models. part 2, the Brosna Catchment at Ferbane. Journal of Hydrology, 1970, 10(3): 317-329.
[22] Palmer W C. Meteorological drought[J]. Res. Pap. U. S. Weather Bur, 1965, 45: (45-58).
[23] Quinn P, Beven K, Chevalier P, et al. The prediction of hillslope flow paths for distributed hydrological modeling using digital terrain models [J].

Hydrological Processes,1991(5):59-79.

[24] Rao S Govindaraju, Levent Kavvas M. Modeling the erosion process over steep slopes: approximate analytical solutions[J]. Journal of hydrology, 1991(127).

[25] Strahler A N. Quantitative analysis of watershed geomorphology[J]. Tran Am Geophys Union, 1957,38(6):913-920.

[26] Thoms H A. Improved methods for national water assessment[J]. U. S. Water Resources, 1981.

[27] Thornthwaite C W. An approach toward a rational classification of climate [J]. Geogr. Rev,1948,38(1):55-94.

[28] Vandewiele G L, Xu Chongyu, Ni Larwin. Methodology and comparative study of monthly water balance in Belgium[J]. Journal of Hydrology, 1992 (134): 315-347.

[29] Vijay P Singh. Hydrologic modeling [M]. LLC: Water Resources Publication,1999.

[30] Fernandez W,Vogel R W. Sankarasubramanian A. Regional calibration of a watershed model[J]. Hydrological Sciences Journal. 2000,45(5):689-706.

[31] Wang guoqing, Guo Baoqun, Chen Jiangnan, et al. Effect of human activities and precipitation change on runoff and sediment of Gushanchuan River basin[C]// Proceedings of the second International Yellow River Forum:Volume 2. Zhengzhou: Yellow River Conservancy Press, 2005.

[32] 白清俊.流域土壤侵蚀预报模型的回顾与展望[J].人民黄河,1999(4):18-21.

[33] 包为民.格林—安普特下渗曲线的改进和应用[J].人民黄河,1994(1):1-3.

[34] 包为民,王从良.垂向混合产流模型及应用[J].水文,1997(3):18-21.

[35] 卞传恂,黄永革,沈思跃,等.以土壤缺水量为指标的干旱模型[J].水文,2000(2):5-10.

[36] 陈宝林.最优化理论与算法[M].北京:清华大学出版社.1989.

[37] 陈先德,贺录南,陈英男.流域水文模型的应用[J].人民黄河,1983

(5):35-39.
[38] 陈先德. 黄河水文[M]. 郑州:黄河水利出版社,1996.
[39] 陈祖明,任守贤. 对萨克拉门托模型的研究[J]. 四川大学学报:工程科学版,1982(2):131-143.
[40] 戴明英. 黄河中游基流的分割及特性分析[J]. 人民黄河,1996(10):40-43.
[41] 戴明英,闫蕾. 清涧河水沙变化的分析研究[M]//汪岗,范昭. 黄河水沙变化研究:第一卷(下册). 郑州:黄河水利出版社,2002.
[42] 戴明英,张厚军. 径流泥沙的成因分割估算模式[J]. 人民黄河,1998(7):14-16.
[43] 樊贵盛,王文焰. 间歇入渗影响的大田试验研究[J]. 人民黄河,1993(4):43-46.
[44] 冯兼诚,王焕榜. 土壤水资源评价方法的探讨[J]. 水文,1990(4):28-32.
[45] 郭百平,王子科,阎晋民,等,暴雨条件下沙棘林减水减沙效益研究[J]. 人民黄河,1997(2):26-28.
[46] 郭生练. 气候变化对东江流域水文的影响[C]//中国博士后首届学术大会论文集. 北京:国防工业出版社,1992.
[47] 郭生练,王国庆. 半干旱地区水量平衡模型[J]. 人民黄河,1994(12):13-15.
[48] 郭瑛. 一种非饱和产流模型的探讨[J]. 水文,1982(1):1-7.
[49] 郝建忠. 韭园沟流域综合治理对年际径流泥沙变化影响初析[J]. 中国水土保持,1985(11):29-30.
[50] 郝建忠,熊运阜. 用水文模型法计算小流域综合治理减水减沙效益方法初探[J]. 中国水土保持,1989(1):38-40.
[51] 何进知,李舒宝,张永江,等,森林植被对流域产汇流机制的影响效应分析[J]. 水文,2000(2):11-13.
[52] 扈详来. 甘肃省黄土丘陵地带森林植被对水资源的影响[J]. 水科学进展,2000,11(2):199-202.
[53] 华士乾. 水文计算的现状与展望[J]. 人民黄河,1984(3):50-54.
[54] 黄平,赵吉国. 流域分布型水文数学模型的研究及应用前景展望[J].

水文,1997(5):5-9.
[55] 李纪人.遥感和地理信息系统在分布式流域水文模型中的应用[J].水文,1997(3):8-12.
[56] 李丽,郝振纯,王加虎.基于 DEM 的分布式水文模型在黄河三门峡—小浪底间的应用探讨[J].自然科学进展,2004(14):1452-1458.
[57] 李荣助.森林对径流影响初析[J].安徽水利科技,1987(4):41-44.
[58] 李雪梅,徐建华,王国庆,等.不同降水条件下河口镇至龙门区间水利水土保持工程减水减沙作用分析[M]//汪岗,范昭.黄河水沙变化研究:第二卷.郑州:黄河水利出版社,2002.
[59] 李致家,孔祥光,张初旺.对新安江模型的改进[J].水文,1998(4):19-22.
[60] 林俊俸,李朝忠.小流域都市化对暴雨洪水影响的试验研究[J].水文,1990(6):9-14.
[61] 刘昌明,钟骏襄.黄土高原森林对年径流影响的初步分析[J].地理学报,1978(2):112-127.
[62] 刘善建.从对比分析看森林对水文和河流的影响[J].人民黄河,1984(3):2-7.
[63] 刘贤赵,康绍忠.陕西王东沟小流域野外土壤入渗试验研究[J].人民黄河,1998(2):14-16.
[64] 刘新任.数字水文系统建设[J].水文,2000(4):5-8.
[65] 刘振京.流域稳渗率分布曲线线型的分析研究[J].水文,1997(4):36-39.
[66] 罗嗣林,饶公定.水利工程影响地区径流洪水计算[J].水文,1990(2):18-23.
[67] 马秀峰.对子洲径流试验站实验研究的回顾与评述[J].人民黄河,1981(1):3-10.
[68] 穆兴民,王文龙,徐学选.黄土高塬沟壑区水土保持对小流域地表径流的影响[J].水利学报,1999(3):71-75.
[69] 聂兴山,郭文元,卫元太,等,土壤入渗特征浅析[J].中国水土保持,1994(4):20-21.
[70] 冉大川,柳林旺,赵力仪,等.黄河中游河口镇至龙门区间水土保持与

水沙变化[M].郑州:黄河水利出版社,2000.

[71] 芮孝芳,姜广斌.产流理论与计算方法的若干进展及评述[J].水文,1997(4):16-19.

[72] 史忠海,王国庆,金燕,等.SIMHYD模型及其在黄河中游无定河流域的应用研究[C]//第六届全国泥沙基本理论研究学术讨论会论文集:第二册.郑州:黄河水利出版社,2005.

[73] 宋秀清,郭索彦.土壤水分衰减规律及预报方法[J].中国水土保持,1985(5):35-37.

[74] 汤立群,陈国祥.水利水土保持措施对黄土地区产流模式的影响研究[J].人民黄河,1995(1):19-22.

[75] 唐克丽,熊贵枢,梁季阳,等,黄河流域的侵蚀与径流泥沙变化[M].北京:中国科学技术出版社,1993.

[76] 王保仓.电子计算机在流域水文模拟中的应用[J].水文,1990(3):36-38.

[77] 王德芳,柴平山,李静.黄河流域的水面蒸发观测及水面蒸发规律[J].人民黄河,1996(2):19-20.

[78] 王国庆,李健,王云璋.气候异常对黄河中游水资源影响评价网格化水文模型及其应用[J].水科学进展,2000,增刊(11):22-26.

[79] 王国庆,王云璋.产汇流及产沙输沙数学模型研究综述[J].水资源与水工程学报,1998(3):27-31.

[80] 王国庆,张建云.气候变化对我国淡水资源影响研究综述[J].水资源与水工程学报,2005(2):11-16.

[81] 王国庆,庞慧,荆新爱,等.清涧河流域的水文情势变化阶段及其特征[J].中国水土保持科学,2005,3(2):23-27.

[82] 王渺林,郭生练.月水量平衡模型比较分析及其应用[J].人民长江,2000(6):32-33.

[83] 王万忠,焦菊英.黄土高原降水侵蚀产沙与黄河输沙[M].北京:科学出版社,1996.

[84] 文康,顾文燕,李琪.西北干旱区——陕北岔巴沟产流模型的研究[J].水文,1982(4):26-32.

[85] 吴钦孝,刘向东,赵鸿雁.森林集水区水文效应研究[J].人民黄河,

1994(12):25-27.
[86] 熊贵枢.黄河流域水利水土保持措施减水减沙分析方法研究综述[J].人民黄河,1994(11):33-36
[87] 熊立华,郭生练,胡彩虹.TOPMODEL 在流域径流模拟中的应用研究[J].水文,2002(5):5-8.
[88] 徐建华,牛玉国.水利水土保持工程对黄河中游多沙粗沙区径流泥沙影响研究[M].郑州:黄河水利出版社,2000.
[89] 杨家坦.流域天然动态蓄水能力及其重要作用的评价[J].水文,1990(5):43-48.
[90] 于一鸣.黄河流域水土保持减沙计算方法存在问题及改进途径探讨[J].人民黄河,1996(1):26-30
[91] 袁作新,郭生练,等,流域水文模型[M].北京:水利电力出版社,1990.
[92] 曾伯庆.晋西黄土丘陵沟壑区水土流失规律及治理效益[J].人民黄河,1980(2):20-24.
[93] 曾德斯.湿润地区小流域稳渗率 f-c 的计算及变化规律探讨[J].水文,1990(2):50-51.
[94] 张洪江,北原曜.晋西不同林地状况下糙率系数及其对土壤侵蚀量的影响[J].人民黄河,1995(3):29-31.
[95] 张茂盛,王广任.在水土保持规划中水土流失类型分区与流失量计算[J].中国水土保持,1985(6):22-23.
[96] 张胜利,李倬,赵文林.黄河中游多沙粗沙区水沙变化原因及发展趋势[M].郑州:黄河水利出版社,1998.
[97] 张志成,袁作新.地下径流的参数分割法[J].水文,1990(1):14-19.
[98] 赵鸿雁,吴钦孝,刘向东.山杨林的水文水土保持作用研究[J].人民黄河,1994(4):27-29.
[99] 赵珂经."国际水文计划"第三阶段规划[J].人民黄河,1984(6):55-58.
[100] 赵人俊.降水径流流域模型简述[J].人民黄河,1983(2):40-43.
[101] 赵人俊.流域水文模拟[M].北京:水利电力出版社,1981.
[102] 赵人俊.流域水文模拟——新安江模型与陕北模型[M].北京:水利电力出版社,1984.

[103] 赵人俊,王佩兰.霍顿与菲利浦公式对子洲径流站资料的拟合[J].人民黄河,1982(1):1-7.
[104] 赵人俊,王佩兰.子洲径流试验站产流产沙分析[J].人民黄河,1980(2):15-19.
[105] 郑粉莉,唐克丽,白红英.标准小区和大型坡面径流场径流泥沙监测方法分析[J].人民黄河,1994(7):19-21.
[106] 郑梧森.用单元面积入渗曲线法计算岔巴沟流域的产流量[J].人民黄河,1981(1):33-37.
[107] 周圣杰,张俊.水土保持措施对水文情况的影响[J].中国水土保持,1985(9):34-38.
[108] 周圣杰,张俊.叶柏寿径流实验小流域暴雨产流规律的初步探讨[M].水文,1990(1):19-26.